【シリーズ】
1 統計科学のプラクティス
小暮厚之・照井伸彦［編集］

Rによる
統計データ分析
入門

小暮厚之

［著］

朝倉書店

はじめに

　データ分析とは物事をデータを通して理解し解明していくことです．そのために必要な確率と統計学の考え方を学ぶことが本書の目的です．

　著者は慶應義塾大学湘南藤沢キャンパス（慶應 SFC）において，データ分析や統計学の授業を担当してきました．慶應 SFC は文理融合型キャンパスであり，問題解決のプロフェッショナルを育成すべく学部横断型の教育を行っています．授業科目には学年次指定もなく，履修者のバックグラウンドも多様です．幅広い関心をもつ学生を前にして，データ分析や統計学に少しでも興味をもってもらおうと悪戦苦闘してきた成果がこの教科書です．

　いくつかの工夫をしてあります．まず各章は具体例や実際のデータからスタートしています．実際のデータを用いた分析を行いながら，統計学の考え方を中心に説明するように努めました．また，本文では数学的な記述は抑えていますが，その代わりに各章の付録においてかなり丁寧に数式の説明や公式の証明を行っています．

　この本では，R という誰でも無料で利用できる統計ソフトを用いてデータ分析を行っています[*1]．各章で用いた R のコマンドはすべて掲載し分析を再現できるようにしています．また，これらの R コマンドとデータファイルは，専用のホームページ

http://web.sfc.keio.ac.jp/~kogure/asakura/data-analysis.html

にアップしています．初めて R を使う人のために，入手法を含め必要な事項や操作を「R 事始め」として巻末の付録に記してあります．また，R に関する文

[*1] R は Ross Ihaka と Robert Gentleman の 2 人の研究者によって開発が始められ，その後多くの賛同者が開発に加わっているオープンソースのデータ分析ソフトです．世界中で開発が休むことなく進められ，最新の手法が取り込まれています．

献，情報は下の脚注を参照下さい．

　本書は大学において初めて統計学を学ぶ人を想定していますが，大学卒業後に統計学の必要性を感じている方もいらっしゃるかもしれません．そのような方にも，本書で統計学に再チャレンジしていただければありがたく思います．本書をきっかけにより多くの人が統計学に興味をもちデータ分析を実践することを期待しています．

2009 年 8 月

小暮厚之

---

[1] 舟尾暢男編『The R Tips データ解析環境 R の基本技・グラフィックス活用集』，九天社（2005）.
　　入門から始まり R の各種技法が詳細に解説されています．
[2] 金 明哲『R によるデータサイエンス』，森北出版（2007）.
　　データサイエンスの最新手法までカバーしています．
[3] **The R Project for Statistical Computing**：http://www.r-project.org/
　　R プロジェクトのメインサイトです．
[4] **RjpWiki**：http://www.okada.jp.org/RWiki/
　　R に関する情報交換を目的とした Wiki です．

目　　次

1. データと度数分布 ･･･ 1
   1.1 変数と観測値 ･･ 1
   1.2 度 数 分 布 ･･･ 2
   1.3 連続データ ･･･ 5
   1.4 位置の尺度 ･･･ 8
   1.5 散らばりの尺度 ･･ 10
   1.6 偏差値：入試のデータ分析 ････････････････････････････････ 13

2. 2変数のデータ ･･ 16
   2.1 官 民 格 差 ･･ 16
   2.2 相 関 係 数 ･･ 19
   2.3 2変数データの関係 ･････････････････････････････････････ 21
      2.3.1 2変数データの差：給与格差 ････････････････････････････ 21
      2.3.2 2変数データの和：偏差値と相関係数 ･･････････････････････ 23
   2.4 相関係数に関する注意 ･･･････････････････････････････････ 24
      2.4.1 相関は線形性を測る ･･････････････････････････････････ 24
      2.4.2 見せかけの相関 ････････････････････････････････････ 25
   2.5 太陽系のデータ分析：対数変換 ･････････････････････････････ 26

3. 確　　率 ･･･ 30
   3.1 確率のクイズ ･･･ 30
   3.2 事象と確率 ･･･ 31

目　次

- 3.3　事象の組み合わせ ……………………………………… 32
  - 3.3.1　和事象と積事象 …………………………………… 32
  - 3.3.2　条件付き事象 ……………………………………… 33
- 3.4　ベイズの定理：事前確率と事後確率 ………………… 34
- 3.5　ベンチャービジネス ……………………………………… 36
- 3.6　メレ，シミュレーション，パスカル …………………… 37
  - 3.6.1　メレの逆説 ………………………………………… 37
  - 3.6.2　シミュレーション ………………………………… 37
  - 3.6.3　パスカル登場 ……………………………………… 39
  - 3.6.4　独　立　性 ………………………………………… 40
- 3.7　例：あなたが裁判員になる確率 ……………………… 40
- 3.8　例：大学野球対抗試合で月曜日が休講になる確率 …… 41

4. 確率変数と確率分布 ……………………………………… 44

- 4.1　確率分布とは何か ……………………………………… 44
- 4.2　期　待　値 ………………………………………………… 45
- 4.3　例：宝くじ ………………………………………………… 45
- 4.4　ペテルスブルクの逆説 ………………………………… 47
  - 4.4.1　期待賞金額が無限大の賭け ……………………… 47
  - 4.4.2　効　　用 …………………………………………… 48
  - 4.4.3　「ペテルスブルクの逆説」は本当に逆説か …… 48
- 4.5　同　時　分　布 …………………………………………… 49
  - 4.5.1　2つのベンチャー投資 …………………………… 49
  - 4.5.2　同時分布と周辺分布 ……………………………… 49
  - 4.5.3　共　同　出　資 …………………………………… 50
  - 4.5.4　相　　関 …………………………………………… 51
  - 4.5.5　共同出資とリスク管理 …………………………… 52
  - 4.5.6　独　立　性 ………………………………………… 52

5. 離散確率分布のモデル：2項分布とポアソン分布 ･･････････････ 55
  5.1 ベルヌーイ試行 ･･ 55
  5.2 2 項 分 布 ･･ 56
  5.3 2 項分布と地震 ･･ 58
  5.4 ポアソン分布 ･･ 61
  5.5 ポアソン分布と台風上陸件数 ････････････････････････････ 63

6. 連続確率分布のモデル：正規分布 ･･････････････････････････････ 66
  6.1 連続型確率変数と分布関数 ････････････････････････････ 66
  6.2 正 規 分 布 ･･ 68
    6.2.1 標準正規分布 ････････････････････････････････････ 68
    6.2.2 正 規 分 布 ･･ 70
    6.2.3 正規確率の計算 ････････････････････････････････････ 71
  6.3 株式と正規分布 ･･ 72
    6.3.1 株式収益率 ･･ 72
    6.3.2 ヒストグラム ･･ 72
    6.3.3 歪度と尖度 ･･ 72

7. ランダムサンプリング：標本調査 ････････････････････････････････ 76
  7.1 世論調査：失敗例 ･･ 76
  7.2 視聴率調査：ランダムサンプリング ････････････････････････ 77
  7.3 信 頼 区 間 ･･ 78
  7.4 紅白歌合戦の視聴率 ････････････････････････････････････ 79
  7.5 消費税の世論調査 ･･･････････････････････････････････････ 80
  7.6 標本調査の注意点 ･･･････････････････････････････････････ 83
    7.6.1 味噌汁の味見：被爆 60 年アンケート ･･････････････････ 83
    7.6.2 回 収 率 ･･ 84
    7.6.3 インターネットと社会調査 ･････････････････････････････ 85

8. ランダムサンプリング：標本理論 86
- 8.1 IID 86
- 8.2 標本平均 86
- 8.3 大数の法則 87
  - 8.3.1 保険と大数の法則 87
  - 8.3.2 大数の法則と標本分散 89
- 8.4 中心極限定理 89
  - 8.4.1 中心極限定理と保険 90
- 8.5 標本分散に対する中心極限定理 91
- 8.6 信頼区間 92

9. 仮説検定 98
- 9.1 消費税の世論調査 98
  - 9.1.1 p 値 100
- 9.2 z 検定：気温上昇の検定 102
- 9.3 t 検定 103
- 9.4 仮説検定：レイキ（霊気）療法はペインマネジメントに有効か .. 106
  - 9.4.1 ノンパラメトリック検定 107

10. 回帰分析入門 109
- 10.1 100m走の年間世界記録データ 109
- 10.2 回帰モデル 110
  - 10.2.1 モデル 110
  - 10.2.2 誤差項の仮定 111
  - 10.2.3 最小2乗法 111
- 10.3 回帰計算 114
  - 10.3.1 回帰係数 114
  - 10.3.2 残差と回帰予測値 115
  - 10.3.3 R 2 乗 115
  - 10.3.4 残差標準誤差 116

10.4　回帰モデルの理論 ……………………………………… 117
　　10.4.1　回帰係数の統計的性質 …………………………… 117
　　10.4.2　t 値と p 値 …………………………………………… 118
　10.5　回帰モデルによる予測 ………………………………… 118
　10.6　誤差項の仮定 …………………………………………… 120

11. 重回帰分析 …………………………………………………… 124
　11.1　ワンルームマンションの価格データ ………………… 124
　11.2　データの整理 …………………………………………… 125
　11.3　回帰分析 ………………………………………………… 127
　　11.3.1　単回帰分析 ………………………………………… 127
　　11.3.2　重回帰モデル ……………………………………… 127
　　11.3.3　推　　　定 ………………………………………… 128
　　11.3.4　偏回帰係数 ………………………………………… 130
　11.4　重回帰分析の推測 ……………………………………… 131
　　11.4.1　回帰予測値と残差 ………………………………… 131
　　11.4.2　2 乗和と R2 乗 ……………………………………… 132
　　11.4.3　自由度調整済み R2 乗 …………………………… 132
　　11.4.4　R2 乗と F 統計量 ………………………………… 133
　11.5　外　れ　値 ……………………………………………… 134
　　11.5.1　重回帰分析の仮定 ………………………………… 134
　　11.5.2　外　れ　値 ………………………………………… 134
　　11.5.3　ダミー変数 ………………………………………… 135
　11.6　変数選択 ………………………………………………… 136
　11.7　対数線形モデル ………………………………………… 138

12. ロジットモデル ……………………………………………… 141
　12.1　住宅ローンのデフォルトデータ ……………………… 141
　　12.1.1　デ　ー　タ ………………………………………… 141
　12.2　ロジットモデル ………………………………………… 143

12.3 ロジットモデルの推定 145
　12.3.1 最尤法 145
　12.3.2 デビアンス 147
12.4 モデル選択 148
　12.4.1 AIC 規準 148
　12.4.2 対数変換 148
12.5 タイタニック：何が生死を分けたか 150
12.6 タイタニック：ロジットモデルの推定 153
　12.6.1 年齢を追加したモデルの推定 154

A. 付録：R 事始め 156
A.1 ベースシステムとパッケージ 156
A.2 インストール 156
A.3 R の起動 157
A.4 R の入力 158
A.5 R 関数 159
A.6 作業ディレクトリー 160
A.7 データファイルの保存と読み込み 160
A.8 パッケージのインストール 161

索引 163

1 データと度数分布

1.1 変数と観測値

　気象庁の「気象庁統計情報」によると，1951年から2008年までにわが国へ台風が上陸した[*1)]件数は表1.1のようにまとめられます．表1.1のデータは，台風上陸件数という**変数**に関する58個の数値の集まりです．台風上陸件数という変数は，最初の観測（1951年）に対して2という値を，2番目の観測（1952年）に対して3，3番目の観測（1953年）に対して2，…という値をとります．このように，データとは変数のとる**観測値**の集まりと考えることができます．図1.1は表1.1を棒グラフで表したものです．台風上陸件数の毎年の変動の傾向が見てとれます．

表 1.1　台風上陸件数の推移

年	1951	1952	1953	1954	1955	1956	1957	1958	1959	1960
上陸件数	2	3	2	5	4	3	1	4	4	4
年	1961	1962	1963	1964	1965	1966	1967	1968	1969	1970
上陸件数	3	5	2	2	5	5	3	3	2	3
年	1971	1972	1973	1974	1975	1976	1977	1978	1979	1980
上陸件数	4	3	1	3	2	2	1	4	3	1
年	1981	1982	1983	1984	1985	1986	1987	1988	1989	1990
上陸件数	3	4	2	0	3	0	1	2	5	6
年	1991	1992	1993	1994	1995	1996	1997	1998	1999	2000
上陸件数	3	3	6	3	1	2	4	4	2	0
年	2001	2002	2003	2004	2005	2006	2007	2008		
上陸件数	2	3	2	10	3	2	3	0		

[*1)]　台風の中心が本州，北海道，九州，四国の海岸線に達した場合を上陸といいます．

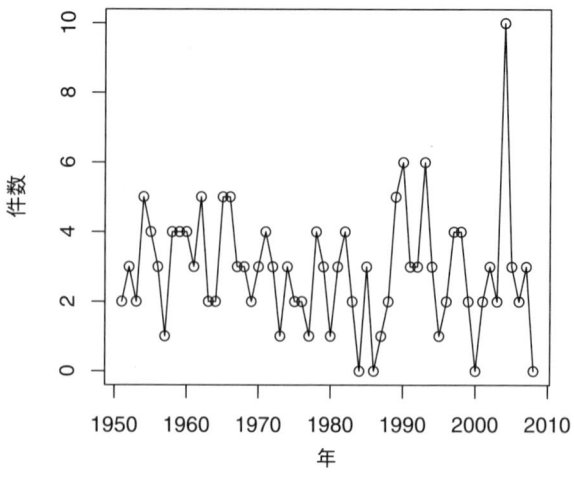

図 1.1 台風上陸件数

1.2 度数分布

　台風上陸件数がとりうる値は $0, 1, 2, \cdots$ というゼロまたは正の整数です．このような飛び飛びの値をとるデータを**離散データ**とよびます．離散データの各値の頻度を**度数**といいます．表 1.1 と図 1.1 から，1951 年から 2008 年までの期間において上陸件数は毎年変動しますが，実際の度数は 0 回から 10 回の間であることがわかります．表 1.2 は，このデータの実際の度数をまとめた**度数分布**です．表中の**相対度数**とは，全体のデータの大きさに対する各値の度数の比率（％表示）です．相対度数は過去どれだけその値が出現したかを表す割合であり，今後の出現の可能性を示唆します．表 1.2 から，今後最も予想される上陸件数は 3 回であることがわかります．また台風が 1 回も上陸しない可能性は約 6.9％であり，15 年に 1 回程度しか起こらないと予想されます．図 1.2 は度

表 1.2　台風上陸件数の度数分布

可能な値	0	1	2	3	4	5	6	7	8	9	10	計
度数	4	6	14	17	9	5	2	0	0	0	1	58
相対度数 (%)	6.9	10.3	24.1	29.3	15.5	8.6	3.4	0.0	0.0	0.0	1.7	100.0

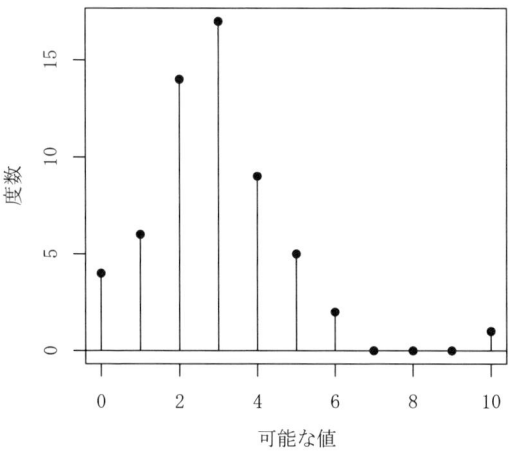

図 1.2 台風上陸件数の度数分布

数分布のグラフ表示です．度数分布をグラフ表示すると，データの全体の傾向をつかむことができます．台風上陸件数は，全体としては3を中心に分布していますが，ごく稀に上陸件数が異常に大きい年があることが見てとれます．

R 実習

それでは，Rを用いて図1.1と図1.2を作成してみましょう．まず，この本の付録「R事始め」を参考にして，Rをインストールして下さい．

この実習ではtyphoon.csvに収められたデータを用います．Rのインストールが終了したら，typhoon.csvを

http://web.sfc.keio.ac.jp/~kogure/asakura/data-analysis.html

からダウンロードし，Rの作業ディレクトリーに保存して下さい．

Rをインストールすると，デスクトップ上にRのショートカットが作成されます．このショートカットをクリックして下さい．Rが起動され，Rコマンドを入力する画面が現れます．この画面に以下のRコマンドを順番に入力して下さい．ここで，>は入力待ちの状態を表すプロンプト記号です．これに続けてタイプします．アルファベットや数字の入力はすべて半角を用いてください．また，#の後の箇所は，コメントです．Rの処理には関係しませんので入力する必要はありません．

1行ごとにタイプし，最後にEnterキーを押して下さい．各行のRコマンド

が実行され結果が表示されます．この段階ではひとつひとつのコマンドの意味は考えずに進めて下さい（習うより慣れろです）．どうしても気になる人は help 関数を用いて各コマンドのヘルプを表示したり，「はじめに」の脚注に掲げた本や Web サイトを参考にして下さい．

```
# 台風データの読み込み
> typhoon<-read.csv("typhoon.csv", header=T)
> attach(typhoon)
# 図 1.1 の作成
> plot(year, counts, type="o")
> dosu<-table(counts) # 度数分布
> prop.table(dosu)*100 # 相対度数
# 図 1.2 の作成
> dosu.new<-c(dosu[1:7], rep(0, 3), dosu[8])
> plot(0:10, dosu.new, type="h", xlab="可能な値", ylab="度数")
> points(0:10, dosu.new, pch=16)
> abline(h=0)
# R の終了
> q()
```

上で用いた主な R コマンドを説明しておきます：

- 「read.csv("ファイル名")」は，CSV 形式のファイルを読み込むコマンドです．header=T は，ファイルの 1 行目を変数名とせよというオプションです．
- 「typhoon」には year, counts の 2 変数のデータが入っています．このようなデータの集まりを R では，データフレームといいます．
- 「attach(typhoon)」を入力すると，typhoon データにアクセスできます．
- 「plot(year, counts, type="h")」は，x 軸を year, y 軸を counts とする散布図を描きます．以下のように，オプションを追加することで散布図の

タイプを指定します．
- 「type="l"」は，散布図を線 (line) 形式で表示するオプション
- 「type="p"」は，散布図を点 (point) 形式で表示するオプション（デフォルト）
- 「type="o"」は，点の上に線を重ねるオプション
- 「type="h"」は，散布図をヒストグラム (histogram) 形式で表示するオプション

1.3　連続データ

国土交通省の「都道府県地価調査」によると，平成19年の各都道府県別の住宅地価（単位：百円/平方メートル）は以下の表 1.3 のようにまとめられます．このデータは，住宅地価という変数に関する 47 個の数字の集まりです．住宅地価という変数は，観測の 1 番目の対象（北海道）に対して 234 という観測値を，2 番目（青森）に対しては 250，3 番目（岩手）に対しては 314,…という観測値をとります．図 1.3 は，各観測値を棒グラフで表示したものです．都道府県による住宅地価の差異が見てとれます．

台風上陸件数と異なり，住宅地価は（理論的には）いかなる正の値をとることも可能です．このような変数を**連続変数**とよびます．住宅地価データは連続変数の観測値からなる**連続データ**です．連続データの度数を求めるには，連続変数の可能な値の範囲をいくつかの区間に分けて，各区間における観測値の度

表 1.3　都道府県別住宅地価

都道府県	北海道	青森	岩手	宮城	秋田	山形	福島	茨城	栃木	群馬
価格	234	250	314	408	210	251	261	403	443	376
都道府県	埼玉	千葉	東京	神奈川	新潟	富山	石川	福井	山梨	長野
価格	1204	831	3541	1901	323	382	527	413	332	263
都道府県	岐阜	静岡	愛知	三重	滋賀	京都	大阪	兵庫	奈良	和歌山
価格	388	772	1056	384	546	1166	1636	1003	654	456
都道府県	鳥取	島根	岡山	広島	山口	徳島	香川	愛媛	高知	福岡
価格	292	268	347	592	335	448	447	462	476	505
都道府県	佐賀	長崎	熊本	大分	宮崎	鹿児島	沖縄			
価格	250	296	306	304	285	326	423			

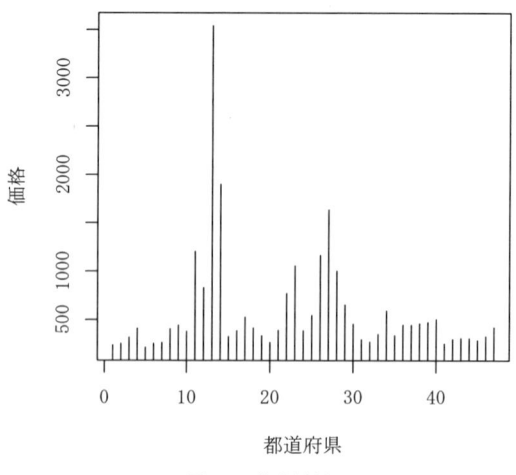

図 1.3 住宅地価

表 1.4 住宅地価データの度数分布

区間の下限	0	300	600	900	1200	1500	1800	2100	2400	2700	3000	3300
	~	~	~	~	~	~	~	~	~	~	~	~
区間の上限	300	600	900	1200	1500	1800	2100	2400	2700	3000	3300	3600
区間の中点	150	450	750	1050	1350	1650	1950	2250	2550	2850	3150	3450
度数	11	26	3	3	1	1	1	0	0	0	0	1
相対度数 (%)	23.4	55.3	6.4	6.4	2.1	2.1	2.1	0.0	0.0	0.0	0.0	2.1

数を求めます．ここでは，区間の幅を等しく 300 としました[*2]．図 1.4 は，表 1.4 の度数分布のグラフ表示です．これをヒストグラムとよびます．ヒストグラムを作成することにより，連続データの全体的な特徴をつかむことができます．図 1.4 から，分布は左に極端に偏っていることがわかります．また，データは 300～600 のレベルに最も集中していることが見てとれます．

R 実習

それでは，R を用いて図 1.3 と図 1.4 を作成してみましょう．まず今回の実習で用いる land.csv を

http://web.sfc.keio.ac.jp/~kogure/asakura/data-analysis.html
からダウンロードして R の作業ディレクトリーに保存して下さい．デスクトップ上の R のショートカットをクリックし再び R を起動して，以下の R コマン

[*2] 区間幅をいかに決めるかについては次節を参照して下さい．

1.3 連続データ

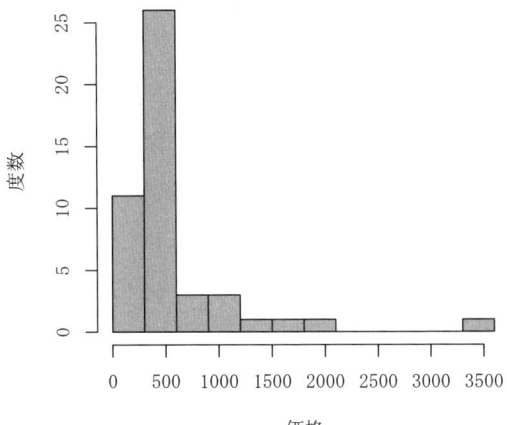

図 1.4 住宅地価のヒストグラム

ドを入力して下さい.

```
# 住宅地価データの読み込み
> land<-read.csv("land.csv", header=T)
> attach(land)
# 図1.3の作成
> plot(pref, price, type="h", xlab="都道府県")
# 「type="h"」は散布図をヒストグラム (histogram) 形式で表示するオ
  プション
# 図1.4の作成
> hist(price, breaks=300*0:12)
# Rの終了
> q()
```

1.4　位置の尺度

データの特徴を探るためにさまざまな尺度を計算します．位置の尺度とは，すべての観測値をひとつにまとめるデータの代表値です．最もよく使われる位置尺度は平均値です．平均値は

$$平均値 = \frac{各観測値の合計}{データの大きさ}$$

と定義されます．台風上陸件数データの場合は

$$平均値 = \frac{2 + 3 + \cdots + 0}{58} = 2.90$$

であり，住宅地価データの場合

$$平均値 = \frac{234 + 250 + \cdots + 423}{47} = 580.6$$

となります．

中央値（メディアン）もよく使われる位置尺度です．中央値とは，その名前のとおり，データの各観測値を大きさの順に並べたとき中央に位置する観測値です．たとえば，データが $\{2, 6, 3\}$ であれば，それを大きさの順に並べると $\{2, 3, 6\}$ となりますから，3 が中央値です．また，データが $\{2, 6, 3, 0\}$ であれば，それを大きさの順に並べると $\{0, 2, 3, 6\}$ となります．この場合，2 と 3 の両方が中央の値の候補ですので，それらの平均である 2.5 を中央値とします．台風上陸件数データの場合の中央値は 3，住宅地価データの場合の中央値は 403 となります．

台風上陸件数データの場合は平均値と中央値はほぼ一致しますが，住宅地価データの場合は大きく異なります．住宅地価データの場合，どちらの値をデータの位置尺度とすべきでしょうか．

これを考えるために，住宅地価データの最大値である 3541 を除いて平均値を計算してみましょう．このとき，平均値は 516.3 へと大きく減少します．一方最大値 3541 を除いた中央値は 395.5 であり，ほとんど変動しません．この住宅地価データのように，全体から極端に外れた観測値があるような場合は，中

央値のほうが平均値より信頼できる位置尺度となります[*3].

最頻値（モード）とは，最も度数が大きい値を指します．これは，出現する可能性が最も高い値という意味でデータを代表する位置尺度です．台風上陸件数データの場合は表 1.2 の度数分布から最頻値は 3 となります．住宅地価データの場合は，図 1.4 のヒストグラムの高さが最も高い区間である 300 から 600 の区間の中点である $450(= (300 + 600)/2)$ を最頻値とします．

連続データの場合は最頻値はヒストグラムの区間幅によって異なります．住宅地価データであれば，ヒストグラムの区間幅を変えると，最頻値は以下のように変化します．

$$区間幅\ 200 : 最頻値 = 300$$

$$区間幅\ 100 : 最頻値 = 350$$

$$区間幅\ 300 : 最頻値 = 450$$

どの区間幅を用いるべきでしょうか．ひとつの目安になるのは，以下の区間幅選択のルール[*4]を使用することです．

区間幅のルール：FD 規準

$$ヒストグラムの区間幅 = 2 \times \frac{四分位範囲}{(データの大きさ)^{1/3}}$$

ここで，四分位範囲とはデータの半分をカバーする範囲の長さ（1.5 節でより正確に定義します）のことです．この FD 規準を適用すると区間幅は 73.98 と計算されます．切りの良い 100 を採用すると，最頻値は 350 となります．

R 実習

```
> attach(typhoon)
# 平均値と中央値の表示
> mean(counts)  # mean は平均値を計算する R コマンド
```

[*3] 平均値が最もふさわしい分布は，左右対称な分布です．その代表例が後述する正規分布です．
[*4] このルールは David Freedman と Persi Diaconis という 2 人の統計学者によって提案されました．彼らの名前にちなんで FD 規準とよびます．詳細については，小暮厚之 (1989)「ヒストグラムのための最適な級区間：MISE 基準」，数学，**41**，3，pp.237–245 を参考にして下さい．

```
> median(counts)  # median は中央値を計算する R コマンド
> attach(land)
> mean(price)
> mean(price[-13])  # price[-13] は，13 番目の値を除いた price デー
  タを表す．
> median(price)
> median(price[-13])
```

1.5　散らばりの尺度

散らばりの尺度は，各観測値が位置尺度のまわりにいかに広がっているかを示す値です．平均値を位置尺度として用いるとき，分散を散らばりの尺度として用います．分散は

$$\text{分散} = \frac{\text{各観測値の偏差の 2 乗和}}{\text{データの大きさ}}$$

と定義されます．ここで，偏差とは各観測値から平均値を引いた値のことです．たとえば台風上陸件数データであれば，1 番目（1951 年）の観測値の偏差は $2 - 2.90 = -0.9$ であり，2 番目（1952 年）の観測値の偏差は $3 - 2.90 = 0.1$ です．したがって，台風上陸件数データの分散は

$$\text{分散} = \frac{(2 - 2.90)^2 + (3 - 2.90)^2 + \cdots + (0 - 2.90)^2}{58} = 2.92$$

と計算されます．この分散の値は平均値にほぼ等しいことに注意して下さい．これは偶然ではありません．5 章でこの点について説明します．

図 1.5 は住宅地価データの偏差を表します．この住宅地価データの場合は

$$\text{分散} = \frac{(234 - 580.6)^2 + (250 - 580.6)^2 + \cdots + (423 - 580.6)^2}{47} = 317145.7$$

と計算されます．これは平均値に比べるとかなり大きい値です．実は，平均値と分散は測定単位が異なります．平均値の測定単位は，住宅地価データの測定

1.5 散らばりの尺度

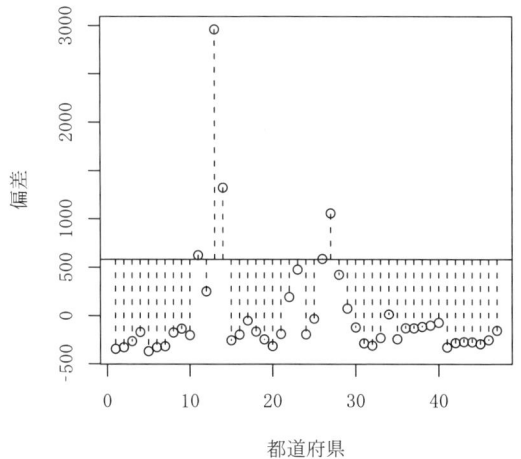

図 1.5 住宅地価データの偏差

単位と同じく「百円/平方メートル」です．しかし，分散は偏差の 2 乗の平均値であるため，その測定単位は「(百円/平方メートル)^2」となります．このため，分散の代わりにその平方根である**標準偏差**

$$標準偏差 = \sqrt{234804.7} = 553.2$$

を用いることもあります．標準偏差の測定単位は「百円/平方メートル」です[*5]．

中央値をデータの位置尺度とする場合，標準偏差ではなく**四分位範囲**を散らばりの尺度として用います．データを大きさ順に整列します．値が小さい順からデータの度数を数えた場合，度数を 4 等分するときの値を四分位数といいます．小さいほうから，第 1 四分位，第 2 四分位，第 3 四分位といいます．中央値は第 2 四分位です．四分位範囲とは第 1 四分位と第 3 四分位の差です．

台風データの場合は

$$四分位範囲 = データの第 3 四分位 - データの第 1 四分位$$
$$= 536.5 - 305.0 = 231.5$$

[*5] それならば，偏差の平均値を散らばりの尺度として用いればいいと思うかもしれません．しかし，偏差は正にも負にもなり，その平均はつねにゼロとなってしまいます（この章の付録を参照下さい）．

と計算されます.

R 実習

```
> attach(land)
# 偏差
> hensa<-price-mean(price)
> mean(hensa)
# 図 1.5 の作成
> plot(1:47, hensa, xlab="都道府県", ylab="偏差", type="p")
> abline(h=mean(price))
> segments(1:47, mean(price), 1:47, hensa, lty=2)
# 分散
> mean(hensa^2)  # ^ は 2 乗演算を表す
# 標準偏差
> sqrt(mean(hensa^2))  # sqrt は平方根を計算する R コマンド
# 四分位
> quantile(price, 0.25)  # 第 1 四分位
> quantile(price, 0.50)  # 第 2 四分位
> quantile(price, 0.75)  # 第 3 四分位
# 四分位範囲
> quantile(price, 0.75)-quantile(price, 0.25)
```

summary コマンドを用いると, 四分位を一度に計算できます.

```
> summary(price)
```

出力結果は以下のとおりです.

```
   Min. 1st Qu.  Median    Mean 3rd Qu.    Max.
  0.000   2.000   3.000   2.897   4.000  10.000
```

ここで,「Min. 1st Qu. Median Mean 3rd Qu. Max.」は順に「最小値, 第 1

四分位，中央値，平均値，第3四分位，最大値」を指します．

1.6　偏差値：入試のデータ分析

　入学試験などで目にする**偏差値**は，各受験者の得点データを受験者全体の平均値と標準偏差で調整した値であり，以下のように計算されます．

$$\text{各受験者の偏差値} = 50 + 10 \times \frac{\text{各受験者の得点} - \text{平均値}}{\text{標準偏差}}$$

偏差値は以下のような性質をもちます．
- 偏差値データは，平均値が 50，標準偏差が 10 である．
- 偏差値はオリジナルな観測値の全体の中の位置を表す．

たとえば，偏差値が 50 とは受験者全体の真中に位置することを表します．また，偏差値が 70 とは集団の平均値から「2 × 標準偏差」上に位置することを表します．もしも得点データが 6 章で学ぶ正規分布という理論分布に従えば，偏差値が 70 を超える確率は 2.5%以下となります．

　偏差値は異なる試験の点数を比較するときに便利です．たとえば，英語か数学のいずれか 1 科目の試験結果で入学の合否を決める大学があるとします．英語受験者の A 君の得点は 70 点，数学受験者の B 君は 80 点であったとします．もしも英語受験者全体の平均値が 50 点，標準偏差が 20 点であれば A 君の偏差値は

$$50\text{ 点} + 10\text{ 点} \times \frac{70\text{ 点} - 50\text{ 点}}{20\text{ 点}} = 60\text{ 点}$$

となります．数学受験者全体の点数の平均値が 50 点，標準偏差が 50 点であれば B 君の偏差値は

$$50\text{ 点} + 10\text{ 点} \times \frac{80\text{ 点} - 50\text{ 点}}{50\text{ 点}} = 56\text{ 点}$$

となります．したがって，A 君と B 君のうち 1 人しか合格させないとしたら，A 君を合格とすることが妥当な判断と思われます．

　この大学が英語と数学の 2 科目の試験結果によって合否を決める方式を新たに追加導入したとします．この 2 科目受験をした C 君の英語と数学の得点はそ

れぞれ65点，75点であったとします．C君は英語ではA君に劣っており，数学ではB君に劣っています．3名のうち1人だけを合格させるとしましょう．C君を合格とすることは妥当な判断でしょうか．この問題は考えるためには，数学と英語の得点の「関係」を考える必要があります．これは次の章で扱うテーマです．

付　録

ある変数を x という記号で表し，x に関する大きさ n のデータを $\{x_1, x_2, \ldots, x_n\}$ とする．ここで，x_i は x に関する i 番目の観測値を表す．

1. データの平均値は「エックス・バー」

$$\bar{x} = \frac{1}{n}\sum_{i=1}^{n} x_i$$

と式で表現される．ここで，$\sum_{i=1}^{n} x_i$ は

$$\sum_{i=1}^{n} x_i \equiv x_1 + x_2 + \ldots + x_n$$

を意味する．a と b を任意の定数とするとき，

$$y_i = ax_i + b$$

を考える．このとき，次が成立する：

$$\sum_{i=1}^{n} y_i = a\sum_{i=1}^{n} x_i + nb \tag{1.1}$$

証明：

$$\sum_{i=1}^{n}(ax_i + b) = ax_1 + b + ax_2 + b + \ldots + ax_n + b$$
$$= a(x_1 + x_2 + \ldots + x_n) + nb = a\sum_{i=1}^{n} x_i + nb$$

∎

注1．$a = 1$，$b = -\bar{x}$ とおくと，$y_i ax_i + b = x_i - \bar{x}$ は i 番目の観測値の平均値からの偏差である．(1.1) より

$$\sum_{i=1}^{n}(x_i - \bar{x}) = \sum_{i=1}^{n} x_i - n\bar{x} = 0$$

を得る．すなわち，「偏差の和はゼロとなる」ことが示された．

注 2. (1.1) を n で割ると

$$\bar{y} = a\bar{x} + b$$

を得る．

2. x の分散は「エス・エックス 2 乗」

$$s_x^2 = \frac{1}{n}\sum_{i=1}^{n}(x_i - \bar{x})^2$$

と定義され，標準偏差は s_x と記されます．このとき，次が成立する：

$$s_y^2 = a^2 s_x^2 \tag{1.2}$$

証明：まず以下に注意しよう

$$y_i - \bar{y} = ax_i + b - (a\bar{x} + b) = a(x_i - \bar{x})$$

両辺を 2 乗して平均をとると，左辺は s_y^2 となり

$$s_y^2 = \frac{1}{n}\sum_{i=1}^{n}(y_i - \bar{y})^2 = a^2 \frac{1}{n}\sum_{i=1}^{n}(x_i - \bar{x})^2 = a^2 s_x^2$$

∎

2 2変数のデータ

2.1　官民格差

読売新聞2004年12月6日朝刊は公務員と民間サラリーマンの給与における「官民格差」について次のような記事を掲載しています：

> **官民格差：読売新聞2004年12月6日**
>
> 財務省は，東京都を除くすべての道府県の地方公務員の平均給与が，その地域の民間企業のサラリーマンより高くなっているとする調査結果をまとめた．最も格差が大きい山形，沖縄では官の給与が民を三割弱上回り，全都道府県の単純平均でも約14％の格差があったが，監視役の都道府県の人事委員会は官民格差の是正に動いていない．財務省は地方交付税（交付金）の算定根拠となる地方財政計画に7兆〜8兆円の過大計上があり，他に使うべき支出が人件費にも使い回されているとみて，地方公務員給与の抜本的な見直しを求める方針だ．

表2.1は，この読売新聞の記事の根拠となったデータです．表中の数字は，地方公務員と民間企業（従業員百人以上，男性）の全国平均の給与（月額で約38万1000円）を100として，都道府県ごとに地方公務員と民間企業の平均給与を指数化した値です．このデータは図2.1のように表示されます．また，官民給与の各々のヒストグラムは図2.2のように作成されます．この2つのグラフから，官民給与には明らかな開きがあることがわかります．数字でみても，地方公務員の給与水準の平均値は104.76であり，民間の給与水準の平均値91.75を大きく上回っています．また，地方公務員の給与水準の標準偏差5.12は民間

2.1 官民格差

表 2.1 給与の官民格差

都道府県	公務員	民間	都道府県	公務員	民間	都道府県	公務員	民間
北海道	102.4	89.7	石川	102.4	90.6	岡山	100.8	87.3
青森	101.5	80.5	福井	102.1	90.1	広島	104.1	96.7
岩手	98.9	80.4	山梨	102	96.9	山口	104.3	91
宮城	104.9	94.6	長野	105.7	93.1	徳島	98.6	93.6
秋田	102.4	81.1	岐阜	99.1	92.6	香川	101.9	90
山形	104.3	81.4	静岡	106.8	93.2	愛媛	103.8	89.2
福島	102.9	89	愛知	118.5	99.3	高知	100.5	87.2
茨城	104	97.6	三重	101.6	96.5	福岡	107.7	96.7
栃木	105.3	94.1	滋賀	106.6	96.2	佐賀	102.3	83.1
群馬	101.4	94.5	京都	115.2	98.9	長崎	103.9	88.1
埼玉	109.3	96.3	大阪	114.2	105	熊本	101.8	89.6
千葉	111.1	102.1	兵庫	113.9	97.2	大分	103	85.7
東京	111.7	116.5	奈良	108.5	97.9	宮崎	101.3	82.1
神奈川	120.2	105.1	和歌山	105.6	94.4	鹿児島	104	83.2
新潟	105.3	85.6	鳥取	95.5	87.3	沖縄	99.4	76.5
富山	101.8	90.1	島根	101.2	84.3			

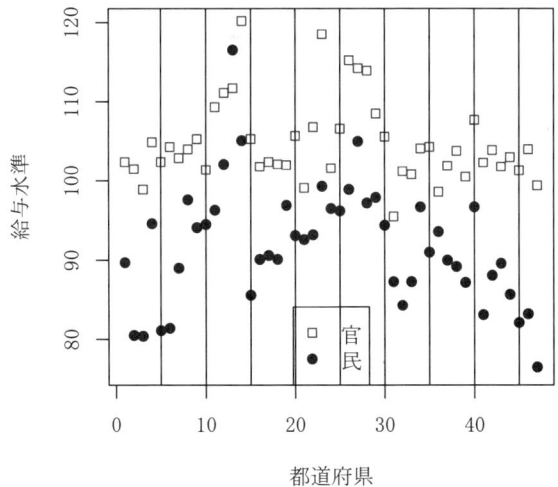

図 2.1 給与水準の格差

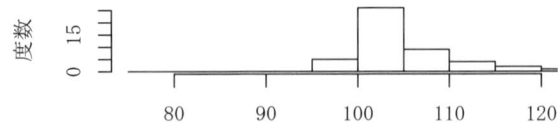

地方公務員給与水準のヒストグラム

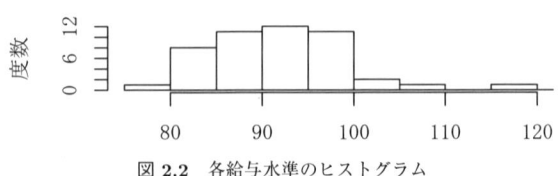

民間給与水準のヒストグラム

図 2.2 各給与水準のヒストグラム

の給与水準の標準偏差より小さく，民間に比べ地域間格差も小さいことがわかります．

R 実習

この実習では kyuyo.csv に収められたデータを用います．まず，kyuyo.csv を http://web.sfc.keio.ac.jp/~kogure/asakura/data-analysis.html からダウンロードし，R の作業ディレクトリーに保存して下さい．

```
# 給与データの読み込み
> kyuyo<-read.csv("kyuyo.csv", header=T)
> attach(kyuyo)
# 図 2.1 の作成
> plot(1:47, public, type="p", pch=22, col="red",
  ylim=c(76, 120), xlab="都道府県", ylab="給与水準")
> points(1:47, private, type="p", pch=19, col="blue")
> abline(v=5*1:9, lty=1)
> legend("bottom", c("官", "民"), pch=c(22, 19),
  col=c("red", "blue"))
# 図 2.2 の作成
```

```
> par(mfrow=c(2,1)) # 2つのグラフを横に並べるためのコマンド
> hist(public, xlim=c(75, 120), breaks=5*(15:26), xlab="",
  ylab="度数", main="地方公務員給与水準のヒストグラム")
> hist(private, xlim=c(75, 120), breaks=5*(15:26), xlab="",
  ylab="度数", main="民間給与水準のヒストグラム")
> par(mfrow=c(1,1))
```

2.2 相 関 係 数

図 2.1 から，地方公務員の給与水準が高い県では民間の給与水準も高いという傾向が見られます．図 2.3 の左図はこの傾向をより明瞭に示しています．このグラフは横軸を民間の給与水準，縦軸を地方公務員の給与水準として 47 組のデータをプロットした散布図です．一方，図 2.3 の右図は，横軸を

$$民間給与水準の基準化偏差 = \frac{民間給与水準の偏差}{民間給与水準の標準偏差}$$

とし，縦軸を

$$地方公務員給与水準の基準化偏差 = \frac{地方公務員給与水準の偏差}{地方公務員給与水準の標準偏差}$$

とした散布図です．基準化残差の具体的な計算については付録 1 をみて下さい．

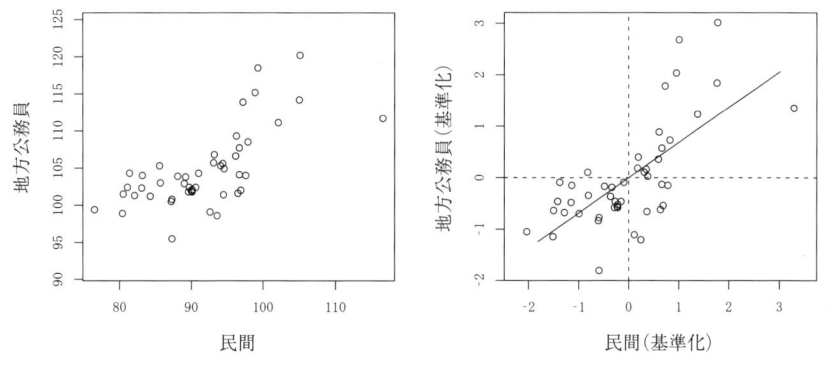

図 2.3 民間と地方公務員の給与水準：散布図と相関係数

このグラフはデータの位置（平均値）や散らばり（標準偏差）を基準化した後の民間給与水準と地方公務員給与水準の関係を表します．図には，この散布図に最も良くフィットする[*1)]ような直線が引かれています．この直線の傾きは，民間給与水準と地方公務員給与水準の相関係数を表します．相関係数とは2つのデータの関係の強さを表す値であり，この例では

相関係数 = {(民間給与水準の基準化偏差)
　　　　　×(地方公務員給与水準の基準化偏差)} の平均値 = 0.68

と計算されます．具体的な計算手順は表 2.2 に示します．

相関係数は，以下の性質をもちます：

---------------- 相関係数の性質 ----------------

- 必ず -1 と 1 の間にある．
- -1 と 1 のときはすべての点が直線上（完全相関）
- 相関係数の値がゼロのとき，両者には関係がない[*2)]．

表 2.2　相関係数の計算

観測値番号		公務員 x	民間 y	x の偏差	y の偏差	x の基準化偏差 (x')	y の基準化偏差 (y')	$x' \times y'$
1	北海道	102.4	89.7	-2.36	-2.05	-0.46	-0.27	0.13
2	青森	101.5	80.5	-3.26	-11.25	-0.64	-1.5	0.95
3	岩手	98.9	80.4	-5.86	-11.35	-1.14	-1.51	1.73
4	宮城	104.9	94.6	0.14	2.85	0.03	0.38	0.01
$\sim$	$\sim$	$\sim$	$\sim$	中略	$\sim$	$\sim$	$\sim$	$\sim$
11	埼玉	109.3	96.3	4.54	4.55	0.89	0.61	0.54
12	千葉	111.1	102.1	6.34	10.35	1.24	1.38	1.71
13	東京	111.7	116.5	6.94	24.75	1.36	3.3	4.47
14	神奈川	120.2	105.1	15.44	13.35	3.01	1.78	5.37
$\sim$	$\sim$	$\sim$	$\sim$	中略	$\sim$	$\sim$	$\sim$	$\sim$
45	宮崎	101.3	82.1	-3.46	-9.65	-0.68	-1.29	0.87
46	鹿児島	104.0	83.2	-0.76	-8.55	-0.15	-1.14	0.17
47	沖縄	99.4	76.5	-5.36	-15.25	-1.05	-2.03	2.13
	平均	104.8	91.8	0	0	0	0	0.68
	標準偏差	5.1	7.5	5.1	7.5	1	1	

[*1)]「最もよくフィットする」ということの正確な意味は 10 章で述べます．
[*2)] ここでいう関係は，直線的な線形関係を指します．次の節でみるように，相関係数では非線形関係を捉えることはできません．

これらの性質の証明はこの章の付録2で与えます．この例では，相関係数の値は0.68であり，一方の変数が増えれば他方の変数も増えるという正の相関があると考えられます．

相関係数が取り上げられている別の記事をみてみましょう．次の2005年7月16日付読売新聞の記事は，相関係数によって入札工事に関する国土交通省の主張に反論している興味深い実例です：

競争入札と落札価格：読売新聞2005年7月16日

国土交通省が発注し2003年度に完成した約1万3000件の入札工事に関するデータをもとに，読売新聞が複数の専門家に，落札率（予定価格に占める落札価格の割合）と工事の品質に関する分析を依頼したところ，「両者の関係の強さを示す相関係数は0.18．関係があると言うには相関係数が少なくとも0.5以上であることが必要．この数値ではほとんど関係はないと言える」との結論が15日得られた．

同省は「一般競争入札だと，落札価格が下がって品質低下を招く」との理由から，多くの工事で「談合の温床」とされる指名競争入札を採用している．

全国10県で価格と品質の相関関係が否定されたとの本紙報道に対し，北側国交相や岩村敬同省次官は「国と地方では違う」と反論していたが，分析結果はその主張を根底から覆した形だ．

この例では，相関係数という尺度を用いることによって，データから「指名競争」を続けることに根拠がないことが明らかにされました．このように，データ分析は政策的な課題にも関わってきます．

2.3　2変数データの関係

2.3.1　2変数データの差：給与格差

2.1節で考えた給与格差において，相関係数はどのような影響をもっているでしょうか．官民の給与水準格差の平均値と標準偏差は以下の表2.3のように計算されます．この結果から，給与水準の差の平均は，地方公務員給与水準の

表 2.3 官民格差の平均値と標準偏差

変数	平均	標準偏差	分散
地方公務員給与水準	104.76	5.12	26.21
民間給与水準	91.75	7.50	56.25
給与水準の格差（地方公務員 − 民間）	13.01	5.47	29.92

平均と民間給与水準の平均の差であることがわかります．一方，給与水準の差の分散は，地方公務員給与の分散と民間給与の分散の和でも差でもありません．実は，次の結果が成立します（証明はこの章の付録 3 に与えます）：

給与水準の差の分散 ＝ 地方公務員給与水準の分散 ＋ 民間給与水準の分散

$-2 \times$ 相関係数 $\times$ 地方公務員給与の標準偏差 $\times$ 民間給与の標準偏差　　(2.1)

したがって，相関係数が大きいほど官民格差の都道府県ごとのばらつきが小さくなるといえます．

R 実習

```
# 図 2.3 の作成
> x.mean<-mean(private)
> x.sd<-(var(private)*46/47)^0.5 # x.sd は x の標準偏差
> x<-(private-x.mean)/x.sd     # 民間給与の基準化偏差
> y.mean<-mean(public)
> y.sd<-(var(public)*46/47)^0.5
> y<-(public-y.mean)/y.sd    # 地方公務員給与の基準化偏差
> par(mfrow=c(1,2)) # 2 つのグラフを縦に並べるためのコマンド
> plot(private, public, type="p")
> plot(x, y, type="p",  xlab="民間 (基準化)",
   ylab="地方公務員 (基準化)")
> abline(h=0, v=0, lty=2)
# 相関係数の計算
> r<-cor(private, public) # cor は相関係数を計算する R コマンド
# 散布図に最もフィットする直線
```

```
> abline(a=0, b=r)
> par(mfrow=c(1,1))
```

ここで，var は不偏分散を計算する R コマンドです．n をデータの大きさとすると，不偏分散は偏差 2 乗和を $n-1$ で除した値です．$n=47$ であれば，通常の分散は var(private)*46/47 で計算できます．

2.3.2　2 変数データの和：偏差値と相関係数

1 章の最後で考えた入試偏差値の問題をもう一度考えてみましょう．A 君，B 君，C 君の得点は以下の表のようにまとめられます：

	英語	数学	偏差値
A 君	70 点	—	60 点
B 君	—	80 点	56 点
C 君	65 点	75 点	?
平均点	50	50	
標準偏差	20	50	

3 名のうち 1 名だけが合格できるとします．C 君を合格とすることは妥当でしょうか．

偏差値を基準に考えてみましょう．偏差値の定義から，C 君の偏差値は

$$\text{C 君の偏差値} = 50 + 10 \times \frac{65 + 75 - \text{英・数の得点の和の平均値}}{\text{英・数の得点の和の標準偏差}}$$

となります．英・数の得点の和の平均値と分散については，次の結果が成立します（証明はこの章の付録 3 に与えます）：

$$\text{英・数の得点の和の平均} = \text{英語の平均値} + \text{数学の平均値} \qquad (2.2)$$

$$\begin{aligned}\text{英・数の得点の和の分散} &= \text{英語の分散} + \text{数学の分散} \\ &\quad + 2 \times \text{英語の標準偏差} \times \text{数学の標準偏差} \\ &\quad \times \text{英・数の相関係数}\end{aligned} \qquad (2.3)$$

その結果，3 人の偏差値は相関係数の大きさにより次のように計算されます：

3 人の偏差値

相関係数	1	0.5	0	−0.5	−1
A 君	60 点	60 点	60 点	60 点	60 点
B 君	56 点	56 点	56 点	56 点	56 点
C 君	55.7 点	56.4 点	57.4 点	59.2 点	63.3 点

C 君は，英語の得点では A 君よりも劣り数学の得点では B 君よりも劣ります．しかし，もしも英語と数学の得点に非常に高い負の相関があれば，2 つのテストを合わせた偏差値では，C 君のほうが A 君と B 君よりも優れていることになります．このとき，C 君を合格とすることは妥当な判断でしょう．

2.4　相関係数に関する注意

相関係数は関係性を測る非常に便利な尺度ですが，それを適用する場合にはいくつかの注意が必要です．

2.4.1　相関は線形性を測る

相関係数は，2 つの変数の直線的な関係（線形性）しか計量しません．たとえば変数 x と変数 y が，図 2.4 のような $y = x^2$ という 2 次関数の関係にあるとしましょう．x の観測値が

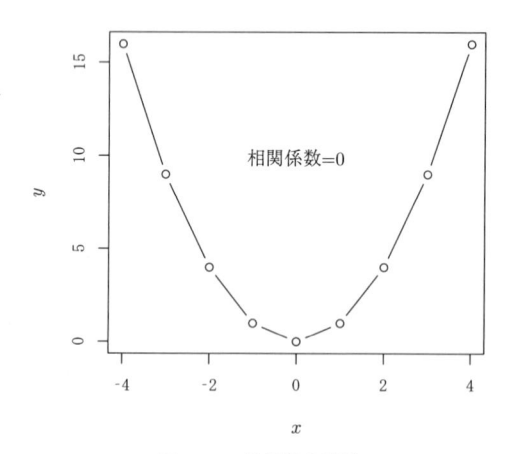

図 2.4　2 次関数の関係

2.4 相関係数に関する注意

$$x = (-4, -3, -2, 1, 0, 1, 2, 3, 4)$$

のとき，y は

$$y = (16, 9, 4, 1, 0, 1, 4, 9, 16)$$

と変化します．このような明らかな関係にもかかわらず，x と y の相関係数はゼロとなります．言い換えれば，相関係数がゼロであっても関係がないとはいえません．相関係数はデータの傾向の線形性の指標です．それがゼロとは線形な関係にはないということを示しているにすぎないのです．

2.4.2 見せかけの相関

また，線形な関係に限ったとしても，2組のデータの相関関係の値が大きいことは，必ずしもそれらの間に真の関係があることを意味しません．たとえば，1987年から2005年までの二酸化炭素（綾里で観測）と平均寿命をプロットすると図 2.5 のようになります．両者には明らかに正の相関関係が存在します．しかし，このことから「二酸化炭素の増加が平均寿命の増加を引き起こす」とはほとんどの人が結論しないでしょう．これは見せかけの相関の典型的な例です．一定の議論の枠が与えられてはじめて相関係数は意味をもちます．

それでは平均寿命の増加と株価は関係があるでしょうか．アメリカの実証研

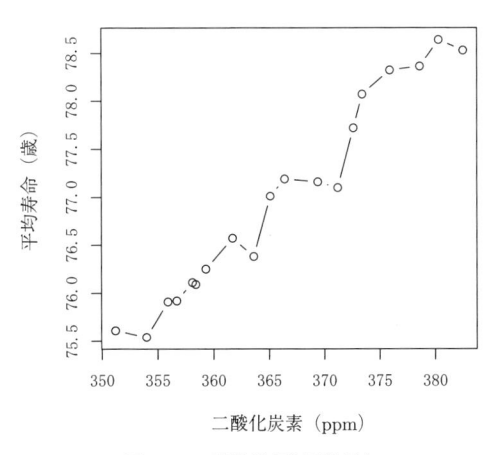

図 2.5　二酸化炭素と平均寿命

究[*3)]では,45歳から64歳の人口と株価の間には相関があり,45歳から64歳の人口が1%増加すると株価は5%上昇すると主張しています.直感的には,見せかけの相関の例のように思えます.しかし,彼らは経済学の「ライフサイクル仮説」を引用し,「45歳から64歳の人口は将来の引退のために株式を購入し,その結果として株価の上昇が引き起こされる」という根拠を掲げています.いつの日か,「二酸化炭素の増加が平均寿命の増加を引き起こす」という理論的根拠が見出されるかもしれません.

2.5 太陽系のデータ分析:対数変換

以下の表2.4は太陽系に属する9つの惑星[*4)]の太陽からの距離と周期(1周するのに要する年数)の観測データです.図2.6の左側は距離と周期の散布図です.左下に4つの点が密集しているのが見てとれます.また,その領域では曲線の傾きが大きいのですが,周期の増加とともに曲線はなだらかな弧を描いている様子がわかります.太陽からの距離と周期の2つの変数は線形関係にはありません.しかし,このような非線形な関係も,**対数変換**を施すことによって,しばしば線形な関係に補正することができます.

x を正の値とするとき,その常用対数 $y = \log_{10} x$ とは

表 2.4 太陽からの距離と周期

惑星	太陽からの距離(億 km)	周期(年)
水星	0.579	0.2409
金星	1.082	0.6152
地球	1.496	1.0000
火星	2.279	1.8809
木星	7.783	11.862
土星	14.294	29.458
天王星	28.750	84.022
海王星	45.044	164.774
冥王星	59.151	248.534

[*3)] A.M.M. Jamala and Shakil Quayes, Demographic structure and stock prices, Economic Letters, (2004).
[*4)] 冥王星は2006年に準惑星に「降格」しました.

2.5 太陽系のデータ分析：対数変換

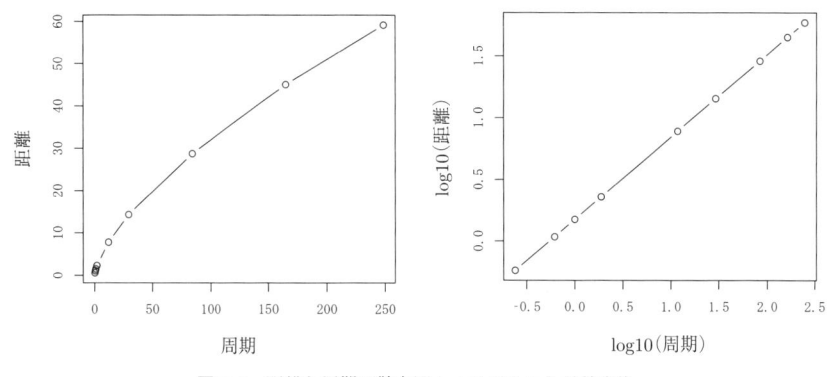

図 2.6 距離と周期の散布図：オリジナルと対数変換

$$x = 10^y$$

となる値です．たとえば

$$\log_{10} 1000 = \log_{10} 10^3 = 3\log_{10} 10 = 3$$
$$\log_{10} 0.001 = \log_{10} 10^{-3} = -3\log_{10} 10 = -3$$

となります．このように，対数変換は大きな値を縮小し，小さな値を（絶対値で）拡大する働きをもちます．図 2.6 の右側は対数変換を施した場合の散布図です．2 変数の関係が完全な線形になっていることがわかるでしょう．また各点はほぼ一様に分布しています．ただし，火星と木星の間だけは広く空いています．ここは小惑星帯に対応するところです．

付 録

2 つの変数 x, y に関する大きさ n のデータを $x = \{x_1, x_2, \ldots, x_n\}$, $y = \{y_1, y_2, \ldots, y_n\}$ とする．また，x の平均と分散を $\bar{x}$, s_x^2, y の平均，分散を $\bar{y}$, s_y^2 とする．

1. x と y の基準化偏差は

$$x'_i = \frac{x_i - \bar{x}}{s_x}, \quad y'_i = \frac{y_i - \bar{y}}{s_y}$$

と書ける．このとき，1 章の付録 (1.1) 式より

$$\bar{x}' = \bar{y}' = 0$$

となり，1 章の付録 (1.2) 式より

$$s_{x'}^2 = s_{y'}^2 = 1$$

となる．すなわち，基準化偏差の平均値は 0 であり，分散は 1 である．

2. 相関係数 r_{xy} は次のように表せることに注意せよ．

$$r_{xy} = \frac{1}{n}\sum_{i=1}^{n} x'_i y'_i = \frac{1}{n}\sum_{i=1}^{n} \frac{x_i - \bar{x}}{s_x} \frac{y_i - \bar{y}}{s_y}$$

このとき次が成立する：

(1) $-1 \leq r_{xy} \leq 1$
(2) $r_{xy} = 1$ は，すべての i に対して $x'_i = y'_i$ と同値である
(3) $r_{xy} = -1$ は，すべての i に対して $x'_i = -y'_i$ と同値である

証明：

$$\frac{1}{n}\sum_{i=1}^{n}(x'_i \pm y'_i)^2 = \frac{1}{n}\sum_{i=1}^{n} x'^2_i + \frac{1}{n}\sum_{i=1}^{n} y'^2_i \pm 2\frac{1}{n}\sum_{i=1}^{n} x'_i y'_i$$
$$= s_{x'}^2 + s_{y'}^2 \pm 2r_{xy} = 2(1 \pm r_{xy})$$

∎

3. データ x と y をそれぞれ定数倍して足し合わせた

$$z_i = ax_i + by_i \quad (i = 1, 2, \ldots, n); \quad a \text{ と } b \text{ は定数}$$

を考える（これを x と y の線形和という）．z の平均値と分散を $\bar{z}, s_z^2$ とする．このとき以下が成立する

(1) $\bar{z} = a\bar{x} + b\bar{y}$
(2) $s_z^2 = a^2 s_x^2 + b^2 s_y^2 + 2\,a\,b\,s_x\,s_y\,r_{xy}$

ここで，x を英語の得点，y を数学の得点とし，$a = 1, b = 1$ とすると (2.2)，

(2.3) 式が得られる．また，x を地方公務員給与水準、y を民間給与水準とし，$a = 1$, $b = -1$ とすると (2.1) 式が得られる．

証明：

$$\bar{z} = \frac{1}{n}\sum_{i=1}^{n} z_i = \frac{1}{n}\sum_{i=1}^{n}(ax_i + by_i)$$
$$= a\frac{1}{n}\sum_{i=1}^{n} x_i + b\frac{1}{n}\sum_{i=1}^{n} y_i = a\bar{x} + b\bar{y}$$

また

$$s_z^2 = \frac{1}{n}\sum_{i=1}^{n}(z_i - \bar{z})^2 = \frac{1}{n}\sum_{i=1}^{n}\{a(x_i - \bar{x}) + b(y_i - \bar{y})\}^2$$
$$= a^2\frac{1}{n}\sum_{i=1}^{n}(x_i - \bar{x})^2 + b^2\frac{1}{n}\sum_{i=1}^{n}(y_i - \bar{y})^2 + 2ab\frac{1}{n}\sum_{i=1}^{n}(x_i - \bar{x})(y_i - \bar{y})$$
$$= a^2 s_x^2 + b^2 s_y^2 + 2ab s_x s_y r_{xy}$$

∎

3 確率

3.1 確率のクイズ

　データ分析の結果を仮説の検証や将来シナリオの予測に役立てるためには，確率の考え方を理解することが重要となってきます．確率は誰でも口にするわりにその扱いには難しい面があります．以下の確率のクイズから考えていきましょう．

───── クイズ：藤沢家の子供 ─────
藤沢家には 2 人の子供がいます．そのうち少なくとも 1 人は男の子です．もう 1 人の子供が女の子である確率はいくつでしょう．

　授業でこのクイズを出すと，「もう 1 人の子供は男か女だ．確率は 1/2 に決まっている」と答える学生が多くいます．しかし，一見正しそうなこの答えは，実は間違いです．なぜなのか考えてみましょう．
　藤沢家に 2 人の子供がいるのですから，1 番目の子と 2 番目の子の性別について以下の 4 通りが可能です：

$$(男，男), (男，女), (女，男), (女，女)$$

しかし少なくとも 1 人が男の子であることがわかっていますから，可能な組み合わせは最初の 3 組

$$(男，男), (男，女), (女，男)$$

です．これら 3 組のうち，もう 1 人の子供が女の子である場合は (男，女), (女，

男) の 2 通りであるから,正解は 2/3 となります.

3.2　事象と確率

　さて,このクイズを確率の用語である**事象**を用いて整理してみましょう.事象とは確率が付与される出来事のことを指します.この例では以下のようなさまざまな事象が関わります.

1) 根元事象

   それ以上分けられない事象を**根元事象**といいます.この例は,$e_1 =$(男,男),$e_2 =$(男,女),$e_3 =$(女,男),$e_4 =$(女,女) の 4 つの根元事象からなります.

2) 全事象

   根元事象のすべての集まりを**全事象**といいます.全事象を Ω(オメガ)と表しますと

$$\Omega = \{e_1, e_2, e_3, e_4\}$$

   と表されます.

3) 事象

   根元事象の任意の組み合わせを一般に事象といいます.

   たとえば,$A = \{e_1, e_2, e_3\}$ としますと,A は「2 人のうち少なくとも 1 人が男の子」である事象を表します.

4) 補事象(または余事象)

   ある事象 A が起きない事象を A の**補事象**といい,A^c と表します.A が「2 人のうち少なくとも 1 人が男の子」である事象としますと

$$A^c = \{e_1\} = 2 人とも男の子$$

   となります.

5) 空事象

   決して起きない事象を**空事象**とよび,ϕ(ファイ)で表します.全事象の補事象は空事象です.

事象に対して，以下のように確率を対応させます：

1) 根元事象の確率：各根元事象が同様に確からしいと仮定すれば，
$$\Pr(e_1) = \Pr(e_2) = \Pr(e_3) = \Pr(e_4) = 1/4$$
2) 全事象の確率： $\Pr(\Omega) = 1$
3) 事象の確率： $0 \leq \Pr(A) \leq 1$
4) 補事象の確率： $\Pr(A^c) = 1 - \Pr(A)$
5) 空事象の確率： $\Pr(\phi) = 0$

3.3　事象の組み合わせ

3.3.1　和事象と積事象

2つの事象 A, B のいずれか1つまたは両方が起きる事象を A と B の**和事象**とよび，$A \cup B$ と表します．クイズの例では，$A = $「最初の子が女の子」である事象，$B = $「2番目の子が女の子」である事象としますと，$A \cup B = $「少なくとも1人が女の子」である事象となります．

これに対して，2つの事象 A と B が同時に起きる事象を**積事象**といい，$A \cap B$ と表します．$A \cap B$ は「2人とも女の子」という事象となります．図3.1は和事象と積事象の関係を示します．和事象と積事象の確率に関して，以下の公式が成立します（証明はこの章の付録に与えます）．

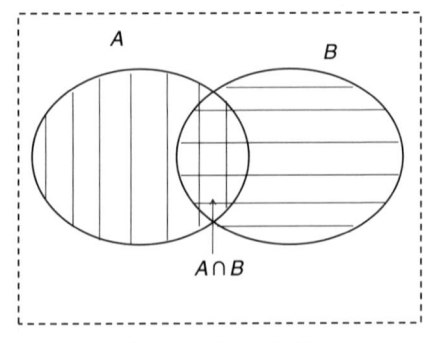

図 **3.1**　和事象と積事象

―― 和事象と積事象の確率公式 ――
$$\Pr(A \cup B) + \Pr(A \cap B) = \Pr(A) + \Pr(B)$$

この例では，以下のように計算され，この公式が成立することが確認できます．

$$\Pr(A) = \Pr(e_3, e_4) = 1/2, \quad \Pr(B) = \Pr(e_2, e_4) = 1/2$$
$$\Pr(A \cup B) = \Pr(e_2, e_3, e_4) = 3/4, \quad \Pr(A \cap B) = \Pr(e_4) = 1/4$$

3.3.2 条件付き事象

事象 B が起きるという条件の下で事象 A が起きる事象を**条件付き事象**とよび，$A|B$ と表します．このクイズの例において $A=$「少なくとも 1 人は女の子」である事象，$B=$「少なくとも 1 人は男の子」である事象とするとき，$A|B=$ が「少なくとも 1 人は男の子であるとき，もう 1 人の子が女の子」である条件付き事象となります．

条件付き事象の確率を以下のように定義します：

―― 条件付き確率（定義）――
$$\Pr(A|B) \equiv \frac{\Pr(A \cap B)}{\Pr(B)}$$

このクイズの例では，

$$\Pr(B) = \Pr(\{e_1, e_2, e_3\}) = 3/4$$
$$\Pr(A \cap B) = \Pr(\{e_2, e_3\}) = 2/4$$

となりますから

$$\Pr(A|B) = \frac{\Pr(A \cap B)}{\Pr(B)}$$
$$= \frac{2/4}{3/4} = \frac{2}{3}$$

と計算できます．3.1 節のクイズで 1/2 と答えてしまった人は，少なくとも 1 人が男の子であるという事実（データ）をないものとして，もう 1 人が女の子であるという確率を $\Pr(A) = 1/2$ と判断してしまったのかもしれません．

3.4 ベイズの定理：事前確率と事後確率

条件付き確率の公式

$$\Pr(A|B) \equiv \frac{\Pr(A \cap B)}{\Pr(B)}$$

で A と B を交換すれば

$$\Pr(B|A) \equiv \frac{\Pr(A \cap B)}{\Pr(A)}$$

が成立します．この2つの式から $\Pr(A \cap B)$ を消去しますと，以下のベイズの定理が得られます：

——— ベイズの定理 ———

$$\Pr(A|B) = \frac{\Pr(B|A)}{\Pr(B)} \Pr(A) \qquad (3.1)$$

もしも A が仮説，B が証拠（事実またはデータ）を表すとしますと，各確率は以下のように解釈できます：

1) $\Pr(A)$ は，B という証拠が得られる前の仮説 A の**事前確率**
2) $\Pr(A|B)$ は，B という証拠が得られた後の仮説 A の**事後確率**
3) $\Pr(B|A)$ は，A という仮説が正しいと仮定したときに，証拠 B が出現する条件付き確率．これを仮説 A の**尤度**（ゆうど）といいます．
4) $\Pr(B)$ は，仮説が正しい場合と誤っている場合の両方の可能性を考えたうえで，証拠 B が出現する確率です．これを**周辺尤度**といいます．

ベイズの定理はオッズで考えることもできます．ある事象のオッズとは，その事象が起こる確率がその事象が起こらない確率の何倍かを示す値です．たとえば，$\Pr(A) = 0.2$ であれば，A のオッズは，

$$\frac{\Pr(A)}{\Pr(A^c)} = \frac{\Pr(A)}{1 - \Pr(A)} = 0.2/0.8 = 0.25$$

となります．

ベイズの定理において，A の代わりにその補事象 A^c を考えれば

が成立します．ベイズの定理の公式 (3.1) をこの式の辺々で割り算すれば，以下が成立します．

$$\Pr(A^c|B) = \frac{\Pr(B|A^c)}{\Pr(B)} \Pr(A^c)$$

──── ベイズの定理（オッズによる表現）────

$$\frac{\Pr(A|B)}{\Pr(A^c|B)} = \frac{\Pr(B|A)}{\Pr(B|A^c)} \times \frac{\Pr(A)}{\Pr(A^c)}$$

これは事前オッズ

$$\frac{\Pr(A)}{\Pr(A^c)} = \frac{\Pr(A)}{1 - \Pr(A)}$$

を尤度比

$$\frac{\Pr(B|A)}{\Pr(B|A^c)}$$

により，事後オッズ

$$\frac{\Pr(A|B)}{\Pr(A^c|B)} = \frac{\Pr(A|B)}{1 - \Pr(A|B)}$$

に変更する公式です．

事後オッズがわかれば，事後確率は

$$\Pr(A|B) = \frac{事後オッズ}{1 + 事後オッズ}$$

と求められます．

──── オッズと主観確率 ────

たとえば $\Pr(A) = 0.2 = p$ であれば A のオッズ $= p/(1-p) = 0.2/0.8 = 0.25$ となります．A が賭けの対象であるとき，これを $0.8 : 0.2 = 4 : 1 = 4$ とも表します．すなわち，A が出現すれば掛け金は 4 倍となり，もとの掛け金と合わせて 5 倍の賞金が得られます（A が出現しなければ掛け金は没収されます）．

2007 年 10 月 2 日付「日刊スポーツ」は「世界最大規模のブックメーカー（賭け屋），英ラドブロークスのストックホルム事務所は 1 日，今月発表のノーベル文学賞受賞者を予想するオッズ（掛け率）を公表，日本の作家，

村上春樹氏を 13 倍とした」という記事を載せています．村上春樹のオッズが 13 とは，1 万円賭けたとき，受賞すれば 13+1=14 万円を獲得，受賞を逃せば 1 万円没収されます．このとき，p を「村上春樹氏がノーベル賞を受賞する」確率とすれば，

$$p/(1-p) = 1/13$$

より，$p = 1/14$ です．このような確率は，サイコロやコイン投げを繰り返して得られる客観的な確率ではなく，賭けに参加している人たちの考えを反映した**主観確率**です．

3.5 ベンチャービジネス

ベイズの定理を応用して次の問題を考えてみましょう．

――― センミツ ―――

ベンチャービジネス (VB) が成功する（たとえば株式公開に至る）のは 1000 件に 3 件（いわゆる「センミツ」）とよくいわれます．

いま，投資家の B 氏が「勘」だけに頼って，すべての VB の中から「やっほー」を選びました．有名コンサルタントの AK 氏によると，「やっほー」は確かに成功するといいます．長年の実績から，AK 氏の判断は 90 パーセントで正しいと考えられます．

「やっほー」が本当に成功する可能性はどれくらいでしょうか．

これは

- $A=$「やっほーは成功する」という事象とすると，その確率は $\Pr(A) = 3/1000$
- $B=$「成功と AK 氏が判断する」という事象とすると，$\Pr(B|A) = \Pr(B^c|A^c) = 0.9$

とするとき，$\Pr(A|B)$ を求めよという問題になります．オッズ版のベイズの定理を適用しますと，事後オッズは

$$\frac{\Pr(A|B)}{1-\Pr(A|B)} = \frac{0.9}{1-0.9} \times \frac{3/1000}{1-3/1000} = 27/997$$

となり，

$$\Pr(A|B) = \frac{事後オッズ}{1+事後オッズ} = \frac{27/997}{1+27/997} = \frac{27}{1024} \fallingdotseq 0.026$$

と計算されます．このことから，可能性が非常に低いこと（センミツ）は，信頼できる人の太鼓判があったとしても実現の可能性は低い（3%以下）ことがわかります．

3.6 メレ，シミュレーション，パスカル

次に「メレの逆説」を取り上げ，「独立性」について考えます．この逆説は，17世紀フランスの有名な賭博（とばく）師（かつ数学者）であったメレがパスカルに提示したとされる有名な確率のパズルです．

3.6.1 メレの逆説

ある胴元が次の2つの賭けを行うとしましょう：

賭け1：1個のサイコロを4回投げ，少なくとも1回6の目が出れば胴元が勝ちとなる賭け

賭け2：2個のサイコロを24回投げ，少なくとも1回両方とも6が出れば胴元が勝ちとなる賭け

メレは，「賭け1で6の目で出ると期待される割合は $1/6 \times 4 = 2/3$，賭け2で両方の目が6となると期待される割合は $1/36 \times 24 = 2/3$ であり，胴元が勝つ確率はどちらも同じはずであるが，実際に行うと賭け1では勝っていた胴元が賭け2では負け込んでしまった」という「逆説」をパスカルに提示しました．

3.6.2 シミュレーション

まず，メレのいうように賭け1と賭け2で胴元の勝率が異なるか確かめてみましょう．ここではサイコロを実際に転がす代わりに，Rを用いてシミュレーションを行います．

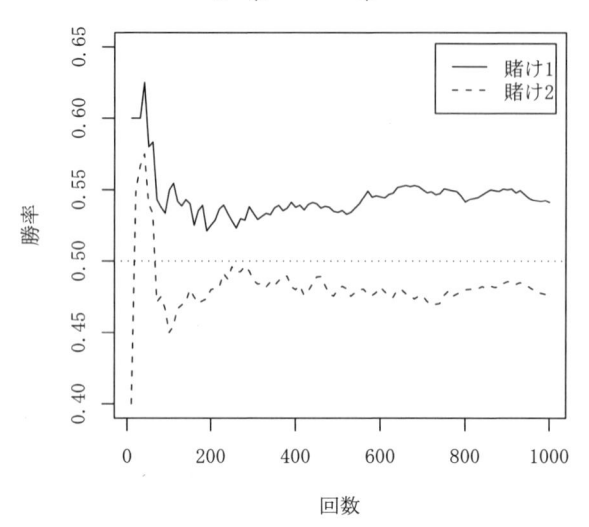

図3.2 2つの賭け：胴元の勝率

図 3.2 は，この 2 つの賭けを 1000 回行ったときの胴元側の勝率（勝利の回数／賭けの回数）の推移を表します．賭けを繰り返すうちに賭け 1 は 0.5 より大きい値に，賭け 2 は 0.5 よりも小さい値に近づいていく様子が見てとれます．これはメレの観察した事実と合致します．

R 実習

図 3.2 のシミュレーションを R で行います．

```
# シミュレーション
> set.seed(123456)
> x<-apply(matrix(rbinom(4*1000, 1, 1/6), nrow=1000),
  1, max)
> set.seed(123456)
> y<-apply(matrix(rbinom(24*1000, 1, 1/36), nrow=1000),
  1, max)
> plot(10*1:100, cumsum(x)[10*1:100]/(10*1:100), cex=0.5,
  type="l", ylim=c(0.4, 0.75), xlab="回数", ylab="勝率")
# 10 回から 1000 回まで 10 回ごとの勝率を計算
```

```
> lines(10*1:100, cumsum(y)[10*1:100]/(10*1:100), cex=0.5,
   lty=2)
> legend("topright", c("賭け1", "賭け2"), lty=1:2)
```

3.6.3 パスカル登場

パスカルは，以下のような確率計算を行い，2つの賭けの勝率が等しいというメレの直感が誤りであることを説明しました：

- 賭け1に勝つ確率は

$$\Pr(4\text{回のうち少なくとも1回6が出る}) = 1 - \Pr(\text{すべての回で6以外})$$

です．ここで，A_i を i 回目で6の目が出るという事象を表しますと：

$$\Pr(\text{すべての回で6以外})$$
$$= \Pr(A_1^c \cap A_2^c \cap A_3^c \cap A_4^c)$$
$$= \Pr(A_1^c) \times \Pr(A_2^c) \times \Pr(A_3^c) \times \Pr(A_4^c) = (1-1/6)^4 \fallingdotseq 0.482$$

となります．したがって，賭け1に勝つ確率は $1 - 0.482 = 0.518$ となります．

- 賭け2に勝つ確率は

$$\Pr(24\text{回のうち少なくとも1回は両方6})$$
$$= 1 - \Pr(24\text{回すべてで両方とも6以外})$$

ここで B_i を i 回目で両方とも6となる事象とすると

$$\Pr(24\text{回すべてで両方とも6以外})$$
$$= \Pr(B_1^c) \times \Pr(B_2^c) \times \cdots \times \Pr(B_{24}^c)$$
$$= (1-1/36)^{24} \fallingdotseq 0.509$$

となり，賭け2に勝つ確率は $1 - 0.509 = 0.491$ となります．
以上の計算は，メレが観察した事実ともシミュレーションの結果とも合致します．

3.6.4 独　立　性

以上のパスカルの計算では，以下で説明するサイコロ投げの独立性を利用しています．サイコロを続けて投げるとき，

$$A = \text{「1 回目で 6 以外の目が出る事象」},$$
$$B = \text{「2 回目で 6 以外の目が出る事象」}$$

としましょう．このとき，A が起きるか否かという情報は，B の確からしさに何の影響も与えないでしょう．これを式で表すと

$$\Pr(B|A) = \Pr(B)$$

となります．このとき，条件付き確率の定義から

$$\Pr(A \cap B) = \Pr(A)\Pr(B)$$

が成立します．すなわち，A と B が同時に起こる確率は，それぞれの事象確率が起こる積に等しいことになります．このとき，2 つの事象 A と B は独立であるといわれます．

3.7　例：あなたが裁判員になる確率

独立性を用いた確率計算の例を示しましょう．2007 年 8 月 16 日朝日新聞は，以下のような記事を掲載しています：

> **2007 年 8 月 16 日朝日新聞：裁判員制度**
> 09 年春に始まる裁判員制度の実施規模のイメージを示すため，最高裁は直近のデータを利用して，裁判員裁判の対象事件や有権者から選ばれる裁判員候補者の数をまとめ，15 日に公表した．昨年 1 年間の事件のうち対象となるのは 3111 件で，候補者は最大 31 万人．公表内容をもとに確率を試算すると，1 件につき 6 人の裁判員と 2 人の補充裁判員が選ばれる場合，有権者 4160 人に 1 人が裁判員となる計算だ．

この記事の試算によると，ある年に裁判員になる確率は 1/4160 となります．そ

れでは20歳の人が生涯少なくとも1回は裁判員を経験する確率はいくらでしょうか.

裁判員制度では70歳以上の有権者は，裁判員を辞退することができます．そこで，20歳から69歳までの50年間に少なくとも1回選ばれる確率を求めればよいでしょう．毎年の選任が独立に行われるとすれば

$$\Pr(50年間に少なくとも1回選ばれる) = 1 - (1 - 1/4160)^{50} \fallingdotseq 0.01195$$

となります．言い換えれば，$84 (\fallingdotseq 1/0.01195)$人に1人程度は人生で1回は裁判員となることになります．

3.8　例：大学野球対抗試合で月曜日が休講になる確率

最後に少し複雑な例を考えてみましょう．K大学では，W大学と伝統の野球対抗試合を春と秋に行います．対抗試合は土，日曜に1試合ずつ行い，先に2勝したほうが対抗試合の勝利者となります．試合結果や天候による中止のため決着がつかない場合には，月曜日にも試合が行われ，応援のため月曜日は休講となります．実際には

- 火曜日以降に試合が延びる
- 月曜日が祝日である

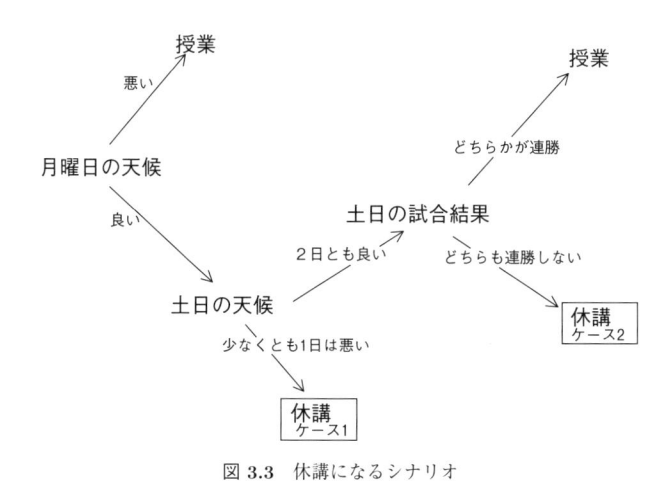

図 3.3　休講になるシナリオ

こともありますが，それらの可能性は無視することにして，月曜日が休講になる確率を求めてみましょう．

図 3.3 の 2 通りのケースの確率を計算すればいいでしょう．まず，過去のデータからいずれの曜日においても

- 天候が悪い（試合中止になる）確率 $= 1/5$
- 天候が良い（試合中止にならない）確率 $= 4/5$

とします．また，各曜日の天候は互いに独立であるとします．このとき

$$\Pr(\text{ケース 1 の休講の確率})$$
$$= \Pr(\text{月曜日の天候が良い} \cap \text{土, 日のいずれかが天候悪い})$$
$$= \Pr(\text{月曜日の天候が良い}) \times (1 - \Pr(\text{土, 日とも良い天候}))$$
$$= (4/5) \times (1 - (4/5)^2) = 0.288$$

となります．

次に，過去のデータから

- K 大学が勝つ確率 $= 2/5$
- W 大学が勝つ確率 $= 2/5$
- 引き分けの確率 $= 1/5$

とします．また，試合の結果は互いに独立であるとします．このとき

$$\Pr(\text{ケース 2 の休講の確率})$$
$$= \Pr(\text{月曜日の天候が良い} \cap \text{土, 日とも良い天候} \cap \text{どちらも連勝しない})$$
$$= \Pr(\text{月曜日の天候が良い}) \times \Pr(\text{土, 日とも良い天候})$$
$$\quad \times \Pr(\text{どちらも連勝しない})$$
$$= (4/5) \times (4/5)^2 \times (1 - 2(2/5)^2) = 0.34816$$

となります．

ケース 1 とケース 2 の休講の確率を足し合わせると，対抗戦がある週の翌週の月曜日が休講となる可能性は約 64% と計算されます．

付　　録

和事象の公式の証明：

和事象の公式

$$\Pr(A \cup B) + \Pr(A \cap B) = \Pr(A) + \Pr(B)$$

がなぜ成立するか考えよう．

まず，$\Pr(A \cap B) = 0$ の場合を考えると，この公式は

$$\Pr(A \cup B) = \Pr(A) + \Pr(B)$$

となる．これは明らかに成立するであろう．

次に $\Pr(A \cap B) \neq 0$ の場合を考える．この場合，A は $A \cap B^c$ と $A \cap B$ に分かれ，B は $A^c \cap B$ と $A \cap B$ に分かれる．したがって

$$\Pr(A) = \Pr(A \cap B^c) + \Pr(A \cap B), \quad \Pr(B) = \Pr(A^c \cap B) + \Pr(A \cap B)$$

が成立する．この2つの式を足し合わせると

$$\Pr(A) + \Pr(B) = \Pr(A \cap B^c) + \Pr(A \cap B) + \Pr(A^c \cap B) + \Pr(A \cap B)$$

となる．ここで，和事象 $A \cup B$ は，$A \cap B^c$，$A \cap B$，$A^c \cap B$ の3つの事象に分かれるため

$$\Pr(A \cup B) = \Pr(A \cap B^c) + \Pr(A \cap B) + \Pr(A \cap B)$$

となり，最終的に

$$\Pr(A) + \Pr(B) = \Pr(A \cup B) + \Pr(A \cap B)$$

を得る．

4 確率変数と確率分布

3章では事象に対する確率を考えました．この章では，1章で扱った台風の上陸回数や住宅地価格のような数値に対する確率を考えます．

4.1 確率分布とは何か

均一なコインを2回投げる実験を考えましょう．このときの根元事象は以下の表4.1のように表されます．各根元事象は同様に確からしいと考え，各根元事象に $1/4$ の確率を付与しましょう．この実験における表の回数を X によって表すと，X は各根元事象に対して表4.2のように $0, 1, 2$ の値をとります：このとき，X の可能な値とその出現の確率は表4.3のように与えられます．これを X の**確率分布**といいます．確率分布は1章で扱った度数分布に対応します．X はその可能な値に確率が付与されている変数であるため，**確率変数**とよばれます．

表 4.1 実験の根元事象

根元事象	1回目の投げ	2回目の投げ
e_1	表	表
e_2	表	裏
e_3	裏	表
e_4	裏	裏

表 4.2 表の回数：X

根元事象	確率	X
e_1	1/4	2
e_2	1/4	1
e_3	1/4	1
e_4	1/4	0

表 4.3 X の確率分布

X の可能な値	その確率
0	1/4
1	1/2
2	1/4

4.2 期　待　値

X の可能な値 $(0,1,2)$ をそれぞれの出現の確率 $(1/4, 1/2, 1/4)$ によって加重した合計（加重平均）

$$0 \times (1/4) + 1 \times (1/2) + 2 \times (1/4) = 1$$

を X の平均または期待値とよび，$\mathrm{E}[X]$ と表します[*1)]．確率変数の期待値をギリシャ文字 μ（ミュー）でしばしば表します．

$(X - \mu)^2$ は，平均 μ のまわりの X の変動を表す確率変数です．その確率分布は表 4.4 のように与えられ，期待値は

$$\mathrm{E}[(X - \mu)^2] = 1 \times (1/4) + 0 \times (1/2) + 1 \times (1/4) = 1/2$$

と計算されます．これは，確率変数 X の平均的な変動を表す量であり，X の分散とよばれます．分散は，ギリシャ文字 σ^2（シグマ 2 乗）または $\mathrm{Var}[X]$ という記号により表されます[*2)]．

分散 σ^2 の正の平方根を X の標準偏差とよびます．

表 4.4　$(X - 1)^2$ の確率分布

$(X - 1)^2$ の値	その確率
$(0 - 1)^2 = 1$	$1/4$
$(1 - 1)^2 = 0$	$1/2$
$(2 - 1)^2 = 1$	$1/4$

4.3　例：宝　く　じ

「2008 年春のドリームジャンボ宝くじ」は，10 万枚を 1 組，100 組を 1 ユニット（1000 万枚）として，合計 32 ユニット（3 億 2 千万枚）が 1 枚 300 円で売り出されました．表 4.5 は，1 ユニット当たりの賞金と本数の表です．この表から，この宝くじの賞金の確率分布は表 4.6 のように作成できます．

[*1)] E の記号を用いるのは英語の expectation によります．
[*2)] Var の記号を用いるのは英語の variance によります．

表 4.5　2008 年ドリームジャンボ宝くじの賞金と本数
(1 ユニット = 1000 万枚)

等級	賞金（円）	本数
1 等	2 億円	1 本
1 等の前後賞	5 千万円	2 本
1 等の組違い賞	10 万円	99 本
2 等	1 億円	3 本
3 等	2 千万円	3 本
4 等	5 百万円	10 本
5 等	1 万円	1 万本
6 等	3 千円	10 万本
7 等	3 百円	100 万本

表 4.6　2008 年ドリームジャンボ宝くじの賞金の確率分布

賞	可能な値	本数	確率	可能な値 × 確率
外れ	0	8889882	0.8889882	0
7 等	300	1000000	0.1	30
6 等	3000	100000	0.01	30
5 等	10000	10000	0.001	10
1 等の組違い賞	100000	99	0.0000099	0.99
4 等	5000000	10	0.000001	5
3 等	20000000	3	0.0000003	6
1 等の前後賞	50000000	2	0.0000002	10
2 等	100000000	3	0.0000003	30
1 等	200000000	1	0.0000001	20
計		10000000	1	141.99

X を宝くじの賞金額とすると，その期待値と標準偏差は

$$\mu = 141.99 \text{ 円}, \quad \sigma \fallingdotseq 87437.28 \text{ 円}$$

と計算されます．したがって，標準偏差に比べ期待される賞金額はわずかです．実際，1000 万枚がすべて販売されたとしますと：

- 売上額 = 300 円 × 1000 万 = 30 億円
- 賞金の総額 = 141.98 × 1000 万 ≒ 14.1 億 9800 万円

となり，宝くじ主催者は売上の約 53%の利益を確実に得られることになります．それでは，なぜ人々は宝くじを購入するのでしょうか．宝くじの魅力はわずか 300 円で 2 億円の「夢」を見られることにあるのでしょう．期待値ではなく標準偏差の大きさこそが宝くじの魅力なのです．

4.4　ペテルスブルクの逆説

宝くじと違って，期待賞金額が途方もなく大きくなる賭けがあります．

4.4.1　期待賞金額が無限大の賭け

18世紀の数学者ダニエル・ベルヌーイは，ペテルスブルクのアカデミーに発表した論文の中で以下のような賭けについて論じました．

―― 賭けのルール ――
- 1枚のコインを投げて：
  - 表なら → 賞金1円をもらえて終了．裏なら →2回目に挑戦
- 2回目が：
  - 表なら → 賞金2円をもらえて終了．裏なら →3回目に挑戦
- 3回目が：
  - 表なら → 賞金4円をもらえて終了．裏なら →4回目に挑戦
- 以下表が出るまで賭けを実行し続ける．このとき，n回目で初めて表が出たときの賞金は2^{n-1}円である．

この賭けの賞金をXとすると，その確率分布は以下の表4.7のように与えられます．その期待値は

$$\mathrm{E}[X] = 1/2 + 1/2 + 1/2 + \cdots = \infty$$

と計算されます．したがってこの賭けに参加すれば，無限の富が得られると期待できます．それでは，この賭けに参加するのにいくら支払うでしょうか．普

表 4.7　賭けの賞金 X の確率分布

	可能な値	確率	可能な値 × 確率
1回目で初めて表	1	1/2	1/2
2回目で初めて表	2	1/4	1/2
3回目で初めて表	4	1/8	1/2
⋮	⋮	⋮	⋮
計		1	∞

通ならば期待値がその目安となります．しかし，期待値が無限大だからといってこの賭けに参加するのに全財産をはたく人はいないでしょう．これは「ペテルスブルクの逆説」とよばれています．

4.4.2 効　用

この逆説を説明するのに，ベルヌーイは効用（満足度）という考え方を用いました．賭けをする人の満足度は，賞金の金額 x ではなく，それに対する効用

$$x \text{ の効用} = \log_2(x)$$

によって与えられるという考え方です．ここで，$\log_2(x)$ は 2 を底とする対数を表します．このとき，各回の賞金は図 4.1 の左のグラフ曲線のように指数関数的に増加していきますが，その効用は図 4.1 の右のグラフのように直線的に増加していきます．このとき，この賭けの賞金の効用の期待値はこの章の付録 1 より

$$E[\log_2(X)] = 1$$

と計算されます．言い換えれば，この賭けに参加するか否かを期待効用で考えれば「ペテルスブルクの逆説」は合理的に説明可能ということになります．

4.4.3 「ペテルスブルクの逆説」は本当に逆説か

「ペテルスブルクの逆説」に対する別の説明を示しましょう．

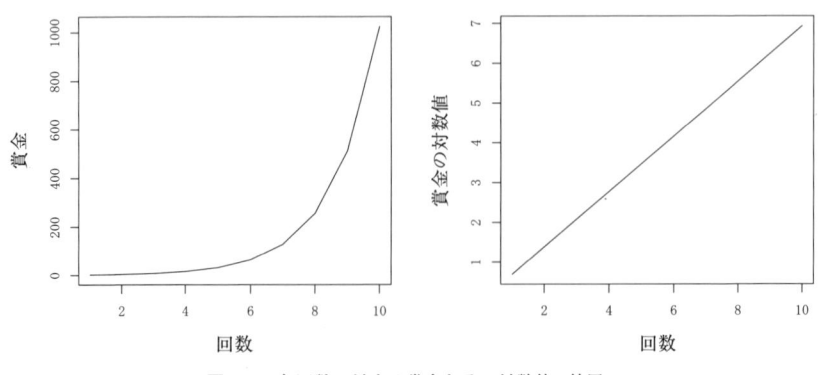

図 4.1　各回数に対する賞金とその対数値 (効用)

大事なことは，各回のコイン投げで裏が出れば賭け金を相手に支払う必要があるということです．2回目で初めて表が出たとしましょう．このときは2円もらえますが，1回目で裏が出ているので1円支払わなければいけません．したがって，純粋な儲けは1円です．次に3回目で初めて表が出たとしましょう．4円もらえますが，1回目と2回目で裏が出ているので，$1+2=3$円支払わなければいけません．したがって，純粋な儲けはやはり1円です．同様に考えると，どの回で初めて表が出ても純粋な儲けは1円です．言い換えれば，この賭けの価値は1円にしかすぎません．

4.5　同時分布

4.5.1　2つのベンチャー投資

藤沢インベストメントは，2つのベンチャー投資案件に直面しています．各投資案件は，6億円の費用を必要とし，その費用を除いた将来収益は，今後の経済成長と環境変化によって表4.8のように変化すると見積もられました．

4.5.2　同時分布と周辺分布

2つの投資案件の収益の可能な組み合わせは16通りであり，各組み合わせに対する確率は以下の表4.9のように与えられます．投資案件1の収益をX，投資案件2の収益をYとすると，この表は(X,Y)の同時分布を表します．この表の一番右の行はXの確率分布，一番下の行は投資案件Yの収益率の確率分

表 4.8　2つの投資案件の収益（億円）

経済成長	環境変化	確率	投資案件1	投資案件2
高い	改善	1/9	48	−6
高い	現状	1/9	6	−6
高い	悪化	1/9	0	−6
普通	改善	1/9	0	0
普通	現状	1/9	0	0
普通	悪化	1/9	0	0
低い	改善	1/9	−6	0
低い	現状	1/9	−6	6
低い	悪化	1/9	−6	48

表 4.9　2つの投資案件の収益の同時分布

		投資案件 2 の収益 (Y)				計
		−6	0	6	48	
投資案件 1 の収益 (X)	−6	0	1/9	1/9	1/9	1/3
	0	1/9	3/9	0	0	4/9
	6	1/9	0	0	0	1/9
	48	1/9	0	0	0	1/9
計		1/3	4/9	1/9	1/9	1

布を表します．同時分布に対する意味で，これらを周辺分布とよびます．周辺分布を用いると，X と Y の平均と標準偏差は

$$\mu_X = \mu_Y = 4, \quad \sigma_X = \sigma_Y = 16$$

と計算されます．したがって，これらのベンチャー案件に投資すると6億円の投資で4億円の純収益が期待されますが，期待収益から外れる標準偏差も16億円という高リスクの投資です．

4.5.3　共 同 出 資

藤沢インベストメントは別の投資ファンドと相談して，この2つの投資案件に50%ずつ投資することにしました．この結果，藤沢インベストメントの将来収益は $Z = 0.5X + 0.5Y$ となり，その分布は同時分布表より，表4.10のように与えられます．

このとき，期待純収益は

$$\mathrm{E}[Z] = -3 \times 2/9 + 0 \times 5/9 + 21 \times 2/9 = 4$$

ですが，分散は

表 4.10　藤沢インベストメントの将来収益：
$0.5X + 0.5Y$ の確率分布

可能な値	確率
−3	2/9
0	5/9
21	2/9

$$\mathrm{Var}(Z) = (-3-4)^2 \times 2/9 + (0-4)^2 \times 5/9 + (21-4)^2 \times 2/9 = 84 \fallingdotseq (9.165)^2$$

となります．言い換えれば，共同出資することによって期待収益は固定したまま，リスク（標準偏差）を減らすことができます．

4.5.4 相　　　関

2つの確率変数 X と Y の加重和 $aX + bY$ は次のような性質をもちます．

$$\mathrm{E}[aX + bY] = a\mathrm{E}[X] + b\mathrm{E}[Y]$$

これは，2章の付録で述べたデータの線形和の公式の確率版です．この性質から，もうひとつの重要な公式

$$\mathrm{Var}(aX + bY) = a^2 \sigma_X^2 + b^2 \sigma_Y^2 + 2ab\sigma_X \sigma_Y \rho$$

が導かれます（この章の付録2に証明を掲げます）．ここで，ρ は相関係数

$$\rho = \frac{\mathrm{E}[(X - \mu_X)(Y - \mu_Y))]}{\sigma_x \times \sigma_Y}$$

です．

相関係数 ρ の分子は $(X - \mu_X)(Y - \mu_Y)$ の期待値

$$\mathrm{E}[(X - \mu_X)(Y - \mu_Y)]$$

です．これは，X と Y の共分散とよばれ，σ_{XY} と記されます．共分散は表 4.11 の同時分布から -88 と計算されます．したがって，相関係数は

$$\rho = \frac{\sigma_{XY}}{\sigma_x \times \sigma_Y} = \frac{-88}{16 \times 16} = -\frac{11}{32} \fallingdotseq -0.344$$

となります．

表 4.11　$(X - \mu_X)(Y - \mu_Y)$ の確率分布

(X, Y) の可能な組	R の可能な値	確率	R の可能な値 × 確率
$(-6, 0)$	40	1/9	40/9
$(0, -6)$	40	1/9	40/9
$(0, 0)$	16	3/9	48/9
$(-6, 6)$	-20	1/9	$-20/9$
$(6, -6)$	-20	1/9	$-20/9$
$(-6, 48)$	-440	1/9	$-440/9$
$(48, -6)$	-440	1/9	$-440/9$
	計	1	-88

4.5.5 共同出資とリスク管理

相関係数は -1 と 1 の間のいずれかの値をとります．この性質は，リスクを管理するさまざまな技術の基本となっています．前述したように，藤沢インベストメントが別の会社と共同で出資した場合の期待収益と分散は

$$\mathrm{E}[0.5X + 0.5Y] = 0.5 \times 4 + 0.5 \times 4 = 6,$$

$$\mathrm{Var}(0.5X + 0.5Y) = (0.5^2)16^2 + (0.5^2)16^2 + 2(0.5)^2(16)^4(-11/32) = 84$$

となり，平均は変わりませんが，分散は半分以下に減少します．もしも相関係数が -0.344 ではなくゼロであったとすると，

$$\mathrm{Var}(0.5X + 0.5Y) = (0.5^2)16^2 + (0.5^2)16^2 = 16^2/2$$

となり分散はちょうど半分となります．さらに，相関係数が 1 ならば，

$$\mathrm{Var}(0.5X + 0.5Y) = (0.5^2)16^2 + (0.5^2)16^2 + 2(0.5)^2(16^2)^2(1) = 12 = 16^2$$

となり，分散はまったく減少しません．逆に，相関係数が -1 ならば分散はゼロとなります．

4.5.6 独　立　性

4.1 節で考えたコイン投げの実験を再び考えましょう．X_1 と X_2 を 1 回目および 2 回目の実験における表の回数とします．X_1 と X_2 の同時分布は

		X_2		
		0	1	計
X_1	0	1/4	1/4	1/2
	1	1/4	1/4	1/2
	計	1/2	1/2	1

と与えられます．この表から可能な値のすべての組み合わせ (i,j) に対して

$$\Pr(X_1 = i, X_2 = j) = \Pr(X_1 = i)\Pr(X_2 = j) \quad (i=0,1; j=0,1)$$

となります．このとき，X_1 と X_2 は独立であるといわれます．簡単な計算から X_1 と X_2 の相関係数はゼロとなります．実際，独立ならばいかなる 2 つの

確率変数の相関もゼロとなります．しかし，相関がゼロであるからといって必ずしも独立であるとは限りません．

メレの逆説でみたように，独立性を仮定すると確率の計算はいちじるしく簡単となります．逆にいえば，サイコロの独立性が保証されているからこそ賭けは成立するのでしょう．

付　　録

1. 期待効用の計算

この賭けの期待効用は表 4.12 のように行われる：

ここで，最後の列の和を計算する際に次の公式を用いた：

$$1 \times 1/4 + 2 \times 1/8 + 3 \times 1/16 + \ldots = (1/2) \sum_{n=1}^{\infty} n 2^{-n} = 1$$

表 4.12　期待効用の計算

	効用の可能な値	確率	効用の可能な値 × 確率
1 回目で初めて表	$\log_2(1) = 0$	1/2	0
2 回目で初めて表	$\log_2(2) = 1$	1/4	$1 \times 1/4$
3 回目で初めて表	$\log_2(4) = 2$	1/8	$2 \times 1/8$
4 回目で初めて表	$\log_2(8) = 3$	1/16	$3 \times 1/16$
⋮	⋮	⋮	⋮
計		1	期待効用 = 1

2. 確率変数の線形和の分散

$$\text{Var}(aX + bY) = a^2 \sigma_X^2 + b^2 \sigma_Y^2 + 2ab\sigma_X \sigma_Y \rho$$

証明：

$$\begin{aligned}
\mathrm{Var}(aX+bY) &= \mathrm{E}\bigl[\,(aX+bY-\mathrm{E}[(aX+bY)])^2\,\bigr] \\
&= \mathrm{E}\bigl[\,(a(X-\mu_X)+b(Y-\mu_Y))^2\,\bigr] \\
&= \mathrm{E}\bigl[(a^2(X-\mu_X)^2+b^2(Y-\mu_Y)^2+2ab(X-\mu_X)(Y-\mu_Y)\bigr] \\
&= a^2\mathrm{Var}(X)+b^2\mathrm{Var}(Y)+2ab\sigma_{XY} \\
&= a^2\mathrm{Var}(X)+b^2\mathrm{Var}(Y)+2ab\sigma_X\sigma_Y\rho
\end{aligned}$$

∎

5 離散確率分布のモデル：2項分布とポアソン分布

確率変数は，離散データ（たとえば台風上陸件数）を記述する**離散確率変数**と連続データ（たとえば住宅地価）を記述する**連続確率変数**に区分できます．この章では，代表的な離散確率変数である**2項分布**とポアソン分布を扱います．

5.1　ベルヌーイ試行

コイン投げで表が出るか裏が出るか，世論調査で内閣を支持するか否か，イチローがヒットを打つかどうか，明日の株価が上がるか下がるかのように可能な結果が2つしかない事象をベルヌーイ試行といいます．

ベルヌーイ試行の一方の結果を「成功」，他方の結果を「失敗」とよびます．成功を1，失敗を0で表すと，ベルヌーイ試行は以下の確率変数 X によって表現できます．

$$X = \begin{cases} 1, & \text{確率 } p \\ 0, & \text{確率 } q = 1-p \end{cases}$$

ベルヌーイ試行の確率分布（ベルヌーイ分布）は

$$\Pr(X = x) = p^x q^{1-x}, \quad x = 0, 1$$

と書けます．X の平均と分散は

$$\mathrm{E}[X] = 1 \times p + 0 \times q = p$$
$$\mathrm{Var}(X) = (1-p)^2 \times p + (0-p)^2 \times q = pq$$

と与えられます．

5.2　2 項 分 布

表の出る確率が p であるコインを 3 回投げたときに

$$X_i \equiv \begin{cases} 1, & \text{もしも } i \text{ 回目の投げの結果が表（成功）ならば} \\ 0, & \text{もしも } i \text{ 回目の投げの結果が裏（失敗）ならば} \end{cases} \quad (i=1,2,3)$$

とすると，X_1, X_2, X_3 は互いに独立なベルヌーイ試行であり，それらの結果は表 5.1 のように与えられます．このとき，$S \equiv X_1 + X_2 + X_3$ は表の回数を表し，その確率分布は表 5.2 のように与えられます．たとえば $S=2$ の確率は

$$\begin{aligned}\Pr(S=2) &= (1\text{と}0\text{を}3\text{つ並べたとき，}1\text{が}2\text{つある場合の数}) \times p^2 q \\ &= (\text{異なる}3\text{個から}2\text{個取り出す組み合わせの数}) \times p^2 q \\ &= {}_3C_2 \times p^2 q = 3p^2 q\end{aligned}$$

と計算されます．ここで，${}_nC_i$ は，異なる n 個のものから i 個取り出す組み合わせの総数であり，$n=3, i=2$ の場合は

$$_3C_2 \equiv \frac{3!}{2!(3-2)!} = 3$$

となります．ただし，$n!$ は n の階乗 $= n \times (n-1) \times \cdots \times 2 \times 1$ を表します．

より一般に，表が出る確率が p のコインを n 回投げたときの表の回数を S_n としましょう．このとき，S_n の従う確率分布は以下のようにまとめられます．

表 5.1　$\{X_1, X_2, X_3\}$ の可能な結果

X_1	X_2	X_3	S	確率
1	1	1	3	p^3
1	1	0	2	$p^2 q$
1	0	1	2	$p^2 q$
0	1	1	2	$p^2 q$
1	0	0	1	pq^2
0	1	0	1	pq^2
0	0	1	1	pq^2
0	0	0	0	q^3

表 5.2　S の確率分布

可能な値	確率
0	q^3
1	$3pq^2$
2	$3p^2 q$
3	p^3

5.2 2項分布

―――― **2項分布** ――――

2項分布の確率分布は

$$\Pr(S_n = i) = {}_nC_i p^i q^{n-i} \quad (i = 0, 1, 2, \cdots, n)$$

であり平均と分散は

$$\mathrm{E}[S_n] = np, \quad \mathrm{Var}(S_n) = npq$$

これを試行回数が n, 成功確率が p の **2項分布** といいます.

図 5.1 は $n = 10$, $p = 0.5$ の場合の 2 項分布のグラフです. 図 5.2 からわかるように, p が 0.5 から離れると, 分布は対称ではなくなります.

R 実習

```
# 図 5.1 の作成
> plot(0:10, dbinom(0:10, size=10, prob=0.5), type="h",
  xlab="", ylab="", main="p=0.5")
> points(0:10, dbinom(0:10, size=10, prob=0.5),
  pch=16, cex=1.5)
> abline(h=0, lty=2)
```

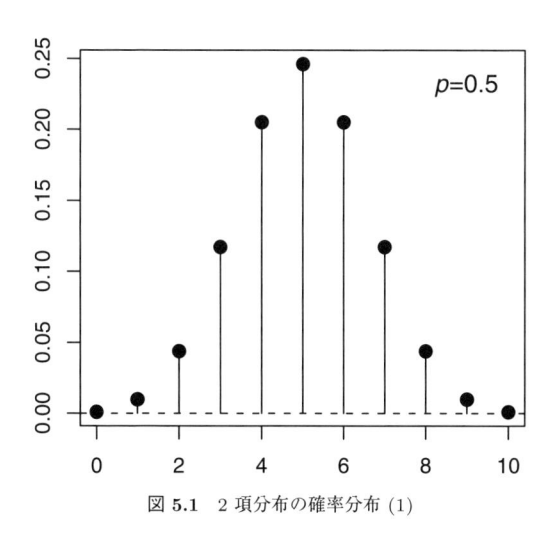

図 5.1 2項分布の確率分布 (1)

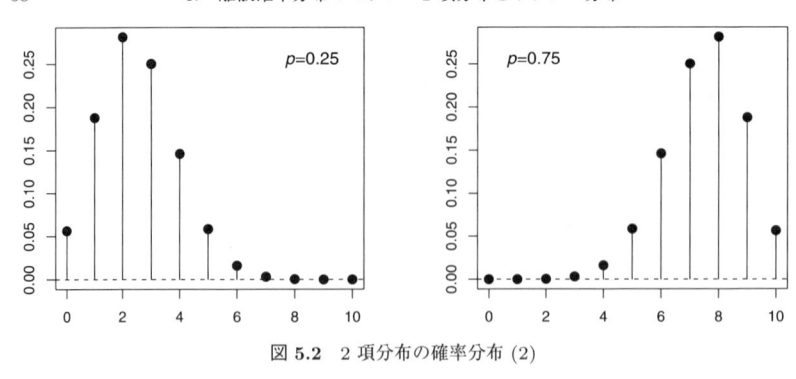

図 5.2 2 項分布の確率分布 (2)

```
# 図5.2左の作成
> plot(0:10, dbinom(0:10, size=10, prob=0.25), type="h",
 xlab="", ylab="", main="p=0.25")
> points(0:10, dbinom(0:10, size=10, prob=0.25),
 pch=16, cex=1.5)
> abline(h=0, lty=2)
# 図5.2右の作成
> plot(0:10, dbinom(0:10, size=10, prob=0.75), type="h",
 xlab="", ylab="", main="p=0.75")
> points(0:10, dbinom(0:10, size=10, prob=0.75),
 pch=16, cex=1.5)
> abline(h=0, lty=2)
```

5.3　2項分布と地震

　地震ハザードステーション (http://www.j-shis.bosai.go.jp/) によると，2008年1月1日において30年以内に震度5弱以上の地震が小田急湘南台駅付近で起こる確率は 97.7% です．

　ある年に（震度5弱以上の）地震が起こるか否かをベルヌーイ試行とすると，

5.3 2項分布と地震

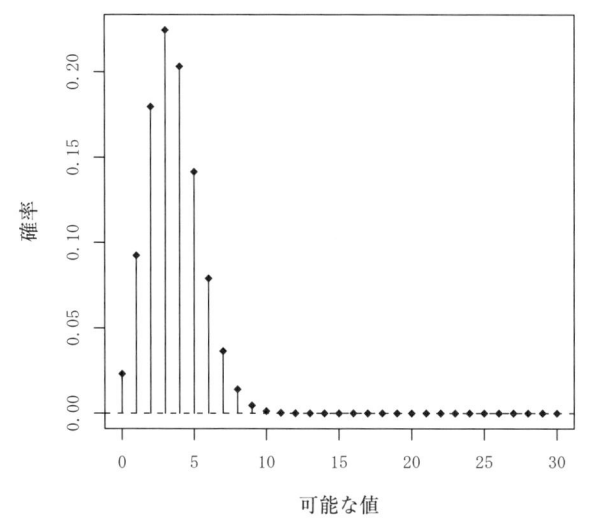

図 5.3 地震の回数の確率分布 $n = 30$

$S_n = 30$ 年間の地震の回数は，試行回数が 30，成功確率が p の 2 項分布に従い，図 5.3 のように示されます．このとき，30 年以内に地震が起こる確率は

$$0.977 = \Pr(S \geq 1) = 1 - \Pr(S = 0) = 1 - (1-p)^{30}$$

と表されます．この式から p の値は，$p = 0.118$ と求められます．すなわち，毎年地震が起きるか否かは成功確率が 0.118 のベルヌーイ試行とみなすことができます．

この結果を利用すれば，2 項分布を用いてさまざまな地震の確率を計算できます．たとえば 4 年間に少なくとも 1 回地震が起きる確率は，

$$1 - {}_4C_0(0.118)^4(1-0.118)^0 \fallingdotseq 0.395$$

と計算されます．

実際には，ある 1 年間には

(a) 地震がない
(b) 地震が 1 回
(c) 地震が 2 回以上

の3つの事象のいずれかが起こります．上述の2項分布による地震の確率計算では (c) の可能性を無視しています．しかし，1年ではなく1か月単位で考えれば (c) の可能性を無視しても大きな影響はないかもしれません．そこで，月単位で地震が起きるか否かを考えて，30年間に360回のベルヌーイ試行が行われるものと想像してみましょう．このとき，30年間の地震回数は，試行回数が360，成功確率が

$$p = 1 - (1 - 0.977)^{1/360} \fallingdotseq 0.0104$$

の2項確率分布で表されることになります．

図 5.4 はこの確率分布を示しています．確率がほとんどゼロとなるため，n が 30 以上の領域は省略してあります．

R 実習

```
# 図5.3の作成
> p30<-1-(1-0.977)^(1/30)
> s30<-dbinom(0:30, size=30, prob=p30)
> plot(0:30, s30, type="h", xlab="可能な値", ylab="確率")
```

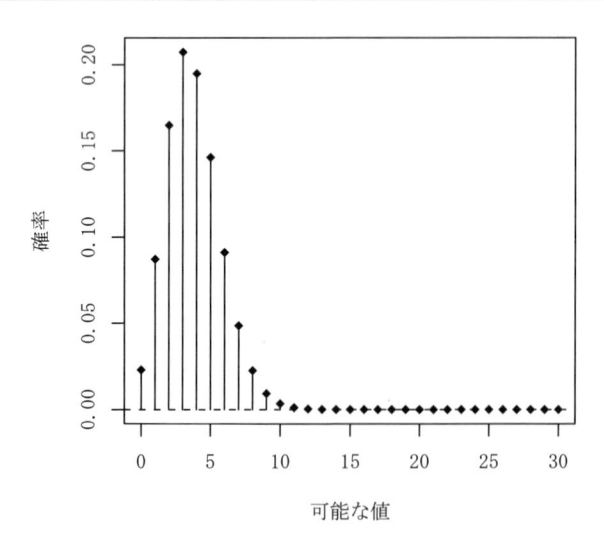

図 **5.4** 地震の回数の確率分布：$n = 360$

```
> points(0:30, s30, pch=18)
> abline(h=0, lty=2)
# 図 5.4 の作成
> p360<-1-(1-0.977)^(1/360)
> s360<-dbinom(0:360, size=360, prob=p360)
> plot(0:30, s360[1:31], type="h", xlab="可能な値",
  ylab="確率")
> points(0:30, s360[1:31], pch=18)
> abline(h=0, lty=2)
```

5.4　ポアソン分布

　今後 30 年間の地震回数 X は，年単位で考える（試行回数が $n = 30$）場合は，成功確率が $p ≒ 0.1169$ の 2 項分布ですから，その平均は

$$\mu \equiv \mathrm{E}[X] = np = 360 \times 0.1169 ≒ 3.5072$$

となります．月単位で考える（試行回数が $n = 360$）場合は，成功確率が $p ≒ 0.0103$ の 2 項分布ですから，その平均は

$$\mu \equiv \mathrm{E}[X] = np = 360 \times 0.0103 ≒ 3.7104$$

となります．2 回以上の可能性を完全に無視できるように，時間単位を限りなく小さくとることを考えます．これは数学的には，$\mu = np$ を一定値に保ちながら

$$n \to \infty \quad \Leftrightarrow \quad p \to 0$$

という極限の状況を想定することになります．このように，2 項分布において，$n \to \infty$，$np \to \lambda$ としたときの極限の確率分布を平均が λ のポアソン分布といいます．

―― ポアソン分布 ――

ポアソン分布は 0 または正の整数値をとる確率変数であり，その確率分布は

$$\Pr(X = x) = \frac{e^{-\lambda}\lambda^x}{x!} \quad (x = 0, 1, 2, \cdots)$$

と与えられる．ここで，e は自然対数の底：

$$e \fallingdotseq 2 + \frac{1}{2!} + \frac{1}{3!} + \cdots \fallingdotseq 2.718$$

であり，$e^{-\lambda}$ は e^λ の逆数 $= 1/e^\lambda$ のことである．

ポアソン分布の平均と分散は

$$\mathrm{E}[X] = \lambda, \quad \mathrm{Var}(X) = \lambda$$

である．

この地震の例では

$$np = (1 - (1 - 0.977)^{1/n})^n \to 3.772^{*1)}$$

となります．図 5.5 は，平均が $\lambda = 3.772$ のポアソン分布と $n = 360$ の 2 項分布を比べています．確率分布の数式はまったく違いますが，それらのグラフは驚くほど一致していることが見てとれるでしょう．

R 実習

```
# 図5.5の作成
> y<-dpois(0:30, 3.772261)
> plot(0:30, s360[1:31], type="h", xlab="可能な値",
  ylab="確率", col="blue", lty=1)
> lines(0:30+0.25, y, type="h", col="red", lty=2)
> abline(h=0, lty=2)
> legend("topright", c("2項分布", "ポアソン分布"), lty=1:2)
```

[*1)] 3.772 という極限値がなぜ得られるかについては，付録を参照下さい．

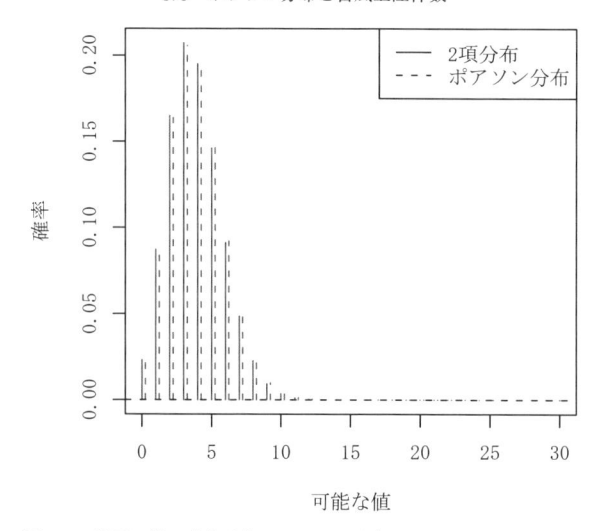

図 5.5　地震回数の確率分布：ポアソン分布 vs 2 項分布 $(n = 360)$

5.5　ポアソン分布と台風上陸件数

ポアソン分布は稀に起こる事象の（一定期間の）回数を記述するのに適しています．1 章で取り上げた各年における台風上陸件数はその典型的な例です．もう一度 1951 年から 2008 年までの台風上陸回数のデータを考えてみましょう．

台風上陸件数の平均と分散はそれぞれ 2.90, 2.92 でした．これは，平均と分散が等しいというポアソン分布の性質と整合的であり，ポアソン分布の仮定の適切さを示唆します．図 5.6 は実際の上陸件数データとポアソン分布による理論件数を比べたものです．台風上陸件数データは，平均が $\lambda = 2.90$ のポアソン分布でよく近似できているようです．

台風上陸件数がポアソン分布に従うと仮定できれば，たとえば 来年の上陸件数が平年並み（2〜4 個）である確率は

$$\Pr(2 \leq X \leq 4) = 0.616$$

と計算できます．また，来年の上陸件数が過去の最高記録を超える確率は

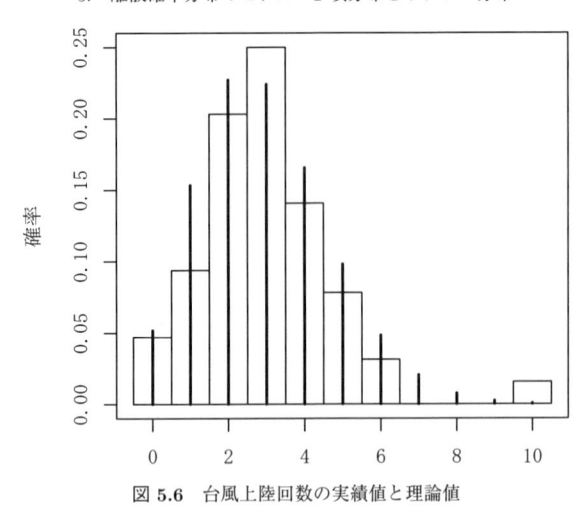

図 5.6 台風上陸回数の実績値と理論値

$$\Pr(X \geq 11) = 0.00002$$

と計算できます．

R 実習

この演習では，typhoon というデータセットを用います．1.2 節の R 実習を行った人は，このデータセットが R に保存されているはずです．これをチェックするには

```
> ls()
```

とタイプして下さい．R に保存されているさまざまな変数やデータセットのリストが現れます．

もしもリストの中に typhoon が見当たらない場合には，

http://web.sfc.keio.ac.jp/~kogure/asakura/data-analysis.html

から typhoon.csv をダウンロードし作業ディレクトリーに保存して下さい．そして，以下の実習を行う前に

```
> typhoon<-read.csv("typhoon.csv", header=T)
```

とタイプして下さい．

```
# 図 5.6 の作成
> y<-dpois(0:10, 2.9)
> plot(0:10, y, type="h", xlab="", ylab="確率",
  xlim=c(-0.5, 10.5), ylim=c(0, 0.25), lwd=2)
> par(new=T)
> attach(typhoon)
> hist(typhoon$counts, breaks=-0.5:10.5,
  xlab="", main="", ylab="", prob=T, yaxt="n")
```

付　　録

極限値の計算

$$\lim_{n\to\infty} np = \lim_{n\to\infty} n(1-(1-0.977)^{1/n})$$

を計算しよう．これは $x=1/n$ と書くと

$$\lim_{x\to 0} \frac{1-(1-0.977)^x}{x}$$

を計算することに等しい．ロピタルの定理を用いると

$$\lim_{x\to 0} \frac{1-(1-0.977)^x}{x} = \lim_{x\to 0} \frac{(1-(1-0.977)^x)'}{x'}$$
$$= -\log(1-0.977) \fallingdotseq 3.772$$

を得る．ここで，$'$ は x に関する微分を表し，log は底を e とする自然対数である．

6 連続確率分布のモデル：正規分布

この章では，連続確率変数の代表的な確率分布モデルである正規分布について説明します．

6.1 連続型確率変数と分布関数

あるイベント（結婚，死亡，地震）がいつ起こるか，あるいは，ある対象（次回の検診時の私の腹囲，年末の石油価格，勤務先の来年の利益）がどれくらいの大きさになるかは連続量の確率変数です．このような**連続確率変数** X が，ある特定の値 x をとる確率 $\Pr(X=x)$ はつねにゼロとなります[*1]．したがって，X がある特定の値 x をとる確率を考える代わりに，ある値 x 以下の値をとる確率

$$F(x) \equiv \Pr(X \leq x)$$

を考えます．この式で定義される関数 $F(x)$ を X の**分布関数**とよびます．図6.1は，6.2節で説明する**標準正規分布**の分布関数のグラフです．このように，連続確率変数の分布関数は連続的に変化します．これに対して，2項分布やポアソン分布の分布関数は，その可能な値でジャンプします．

表6.1は，0.5刻みの標準正規分布を表します[*2]．図6.2は，表6.1の標準正規分布を棒グラフで表した（理論的な）ヒストグラムです．ここで，刻みを小さくしていくと，図6.2に示すなめらかな曲線に近づいていきます．この曲線を**確率密度関数**といいます．x における確率密度関数の値は，$X = x$ の可能

[*1] その理由を示す簡単な例をこの章の付録に掲げます．
[*2] かつての統計学の教科書ではこのような表が付表として必ず掲載されていました．現在ではRやExcelによって分布関数を簡単に計算できます．

6.1 連続型確率変数と分布関数

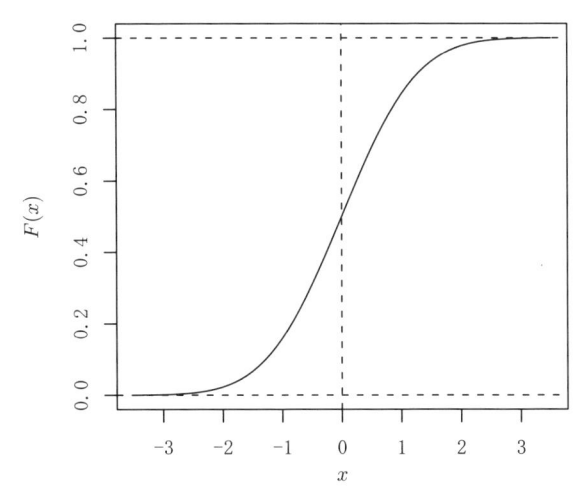

図 6.1 標準正規分布の分布関数

表 6.1 標準正規分布の確率

区間	$-\infty \sim$ -3.5	$-3.5 \sim$ -3.0	$-3.0 \sim$ -2.5	$-2.5 \sim$ -2.0	$-2.0 \sim$ -1.5	$-1.5 \sim$ -1.0	$-1.0 \sim$ -0.5	$0.5 \sim$ 0.0
確率	0.0002	0.0011	0.0049	0.0165	0.04406	0.0918	0.1499	0.1915
区間	$0 \sim$ 0.5	$0.5 \sim$ 1.0	$1.0 \sim$ 1.5	$1.5 \sim$ 2.0	$2.0 \sim$ 2.5	$2.5 \sim$ 3.0	$3.0 \sim$ 3.5	$3.5 \sim$ ∞
確率	0.1915	0.1499	0.0918	0.04406	0.0165	0.0049	0.0011	0.0002

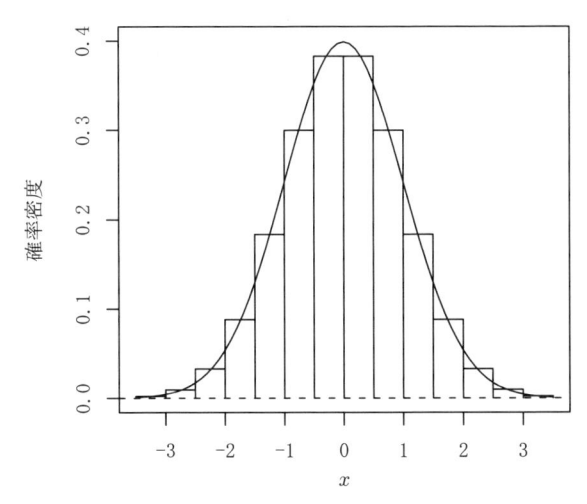

図 6.2 標準正規分布のヒストグラム

性を表します．x における確率密度関数の値を $f(x)$ と表しましょう．$f(x)$ は，h を 0 に近づけたときの

$$\frac{F(x+h/2) - F(x-h/2)}{h} \tag{6.1}$$

の極限値です[*3]．(6.1) の分子は，x を中心とする幅 h の区間 $(x-h/2, x+h/2)$ に X が入る確率であり，分母はその区間の幅です．したがって，確率密度関数は単位長さあたりの確率を表します．

6.2 正 規 分 布

正規分布は，実際の連続データの確率分布を記述するためにしばしば用いられます．検定や回帰分析など多くの統計手法は，データが正規分布に従う場合に最適な手法となります．したがって，観測データが正規分布に従うかどうかを判断することは重要です．

6.2.1 標準正規分布

連続確率変数 Z の確率密度関数が

$$f(z) = \frac{e^{-z^2/2}}{\sqrt{2\pi}} \quad (-\infty < z < \infty)$$

であるとき，Z は標準正規分布に従うといわれます．ここで，e は 5 章でも用いた自然対数の底を表します．また，π は円周率です．標準正規分布は以下の性質をもちます：

1) $f(z)$ は 0 を頂点として，左右対称なクリスマスベル型をしています．
2) Z が区間 $[a, b)$ に入る確率は $[a, b)$ 上の f の面積で表されます．$a = -1$，$b = 1.5$ の場合が図 6.3 に示されています．
3) 全直線上の $f(z)$ の面積は 1 です．

[*3] 数学の用語を用いれば，確率密度関数 $f(x)$ は分布関数 $F(x)$ の微分です．

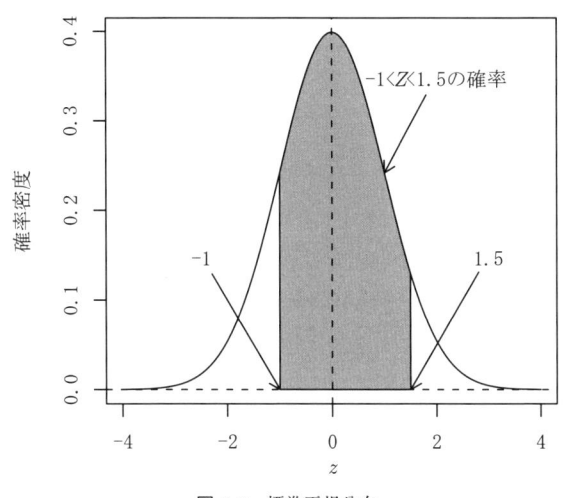

図 6.3 標準正規分布

R 実習

```
# 図 6.3 の作成
> plot(dnorm, -4,4, xlab="z", ylab="確率密度")
> xvalues<-seq(-1, 1.5, length=50)
> yvalues<-dnorm(xvalues)
> polygon(c(xvalues,rev(xvalues)),
  c(rep(0,50), rev(yvalues)), col="grey")
> abline(h=0, v=0, lty=2)
> arrows(-2.5, 0.15, -1, 0, length=0.1, lty=1)
> text(-2.5,0.15, "-1")
> arrows(3, 0.15, 1.5, 0, length=0.1, lty=1)
> text(3,0.15, "1.5")
> arrows(2, 0.35, 1, dnorm(1), length=0.1, lty=1)
> text(2,0.35, "-1<Z<1.5 の確率")
```

6.2.2 正 規 分 布

Z が標準正規分布に従うとき,定数 a および b に対して

$$X = a + bZ$$

の従う分布を平均が a, 分散が b^2 の正規分布とよび,$N(a, b^2)$ と記します.

図 6.4 はさまざまな正規分布の密度関数を示しています.$N(a, b^2)$ の確率密度関数は,位置(平均)と広がり(標準偏差)が異なるだけで,標準正規分布と同じく左右対称のクリスマスベル型です.

R 実習

```
# 図6.4の左のグラフの作成
> plot(dnorm, -6,6, xlab="x", ylab="確率密度",
  ylim=c(0, 0.6))
> xvalues<-seq(-6, 6, length=100)
> lines(xvalues, dnorm(xvalues, mean=2))
> lines(xvalues, dnorm(xvalues, mean=-2))
> text(0,dnorm(0, mean=0), "N(0,1)")
> text(2,dnorm(2, mean=2), "N(2,1)")
> text(-2,dnorm(-2, mean=-2), "N(-2,1)")
> abline(v=c(-2, 0, 2), h=0, lty=2)
```

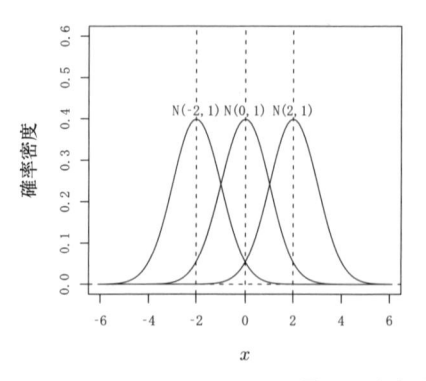

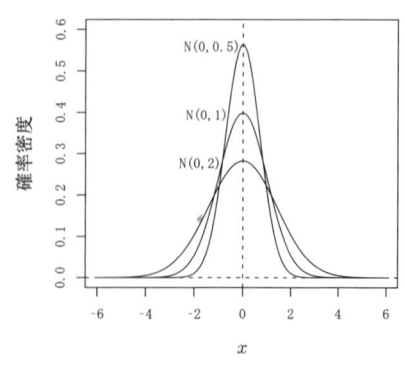

図 **6.4** さまざまな正規分布

```
# 図 6.4 の右のグラフの作成
> plot(dnorm, -6,6, xlab="x", ylab="確率密度",
  ylim=c(0, 0.6))
> lines(xvalues, dnorm(xvalues, sd=2^(0.5)))
> lines(xvalues, dnorm(xvalues, sd=1/2^(0.5)))
> abline(v=0, h=0, lty=2)
> text(0,dnorm(0), "N(0,1)")
> text(0,dnorm(0, sd=2^(0.5)), "N(0,2)")
> text(0,dnorm(0, sd=1/2^(0.5)), "N(0,0.5)")
```

6.2.3 正規確率の計算

あるテストの点数 X が正規分布に従うとします．偏差値が 70 点以上の割合はいくつでしょうか．

X の平均を μ，標準偏差を σ とすると偏差値は

$$\text{偏差値} = 50 + 10 \times \frac{X - \mu}{\sigma} = 50 + 10Z$$

と表せます．ただし，$Z \sim \mathrm{N}(0,1)$ です．したがって，

$$\Pr(\text{偏差値} > 70) = \Pr(50 + 10Z > 70)$$
$$= \Pr(Z > 2) = 0.0228$$

となり，偏差値が 70 点以上の割合は約 2%であることがわかります．ここで，$\Pr(Z > 2)$ は，R を用いて

```
    > 1-pnorm(2)
    [1] 0.02275013
```

より計算できます．

同様にして，$\Pr(X \leq 30) = 0.0228$ が示されます．言い換えれば，テストの偏差値が 30 点から 70 点までの間に入る確率は，$1 - 2 \times 0.0228 \fallingdotseq 0.95$ となります．

6.3 株式と正規分布

6.3.1 株式収益率

投資の分析では，株式の収益率は正規分布に従うとしばしば仮定されます．実際のデータから，これを検証してみましょう．

図 6.5 の左側のグラフは 1977 年 1 月から 2006 年 3 月までの東証株価指数 (TOPIX) の各月末の値です．図 6.5 の右側のグラフは同一期間の東証株価指数の株式収益率を表します．ただし，ある月の株式収益率は

$$\log(その月の月末価格) - \log(前月の最初の月末価格)$$

と定義されます．ここで $\log$ は底が e の自然対数を表します．

6.3.2 ヒストグラム

図 6.6 は，東証収益率のヒストグラムです．以下の R 実習でみるように，この東証収益率の平均は 0.0042, 標準偏差は 0.042 と計算されます．対応する正規分布 $N(0.004, 0.042^2)$ の確率密度関数を曲線で重ねて表示してあります．

6.3.3 歪度と尖度

データが正規分布に従うか否かを判断するためには，正規分布の左右対称なクリスマスベル型の特徴を探ればよいでしょう．このための尺度として，歪度

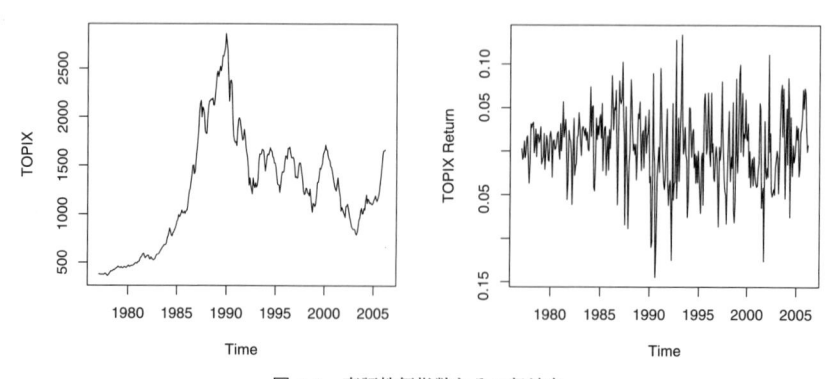

図 6.5 東証株価指数とその収益率

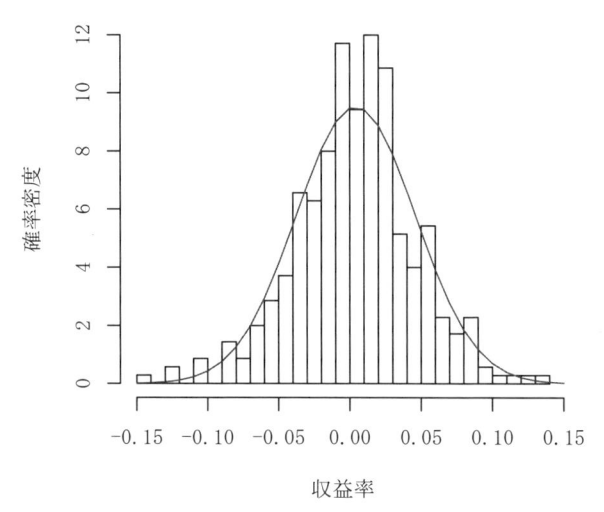

図 6.6 東証株価指数収益率のヒストグラム

と尖度を用います.この2つの尺度はいずれも

$$基準化偏差 = \frac{観測値 - 平均値}{標準偏差}$$

に基づいています.2章の付録でみたように,基準化偏差の平均は0であり標準偏差は1となります.したがって,基準化偏差から計算された指標は(もとの観測値の平均や標準偏差とは無関係な)分布の形を表す指標です.

基準化偏差の3乗の平均値を**歪度**(わいど)とよびます:

$$歪度 = \frac{基準化観測値の3乗和}{観測値の個数}$$

歪度は,分布の非対称性を表します.分布の右裾が左裾より長いとき歪度は正となり,その逆であれば歪度は負となります.正規分布の歪度はゼロです.

以下のR実習でみるように,東証収益率データの歪度は -0.17 と計算されます.その値はゼロに近く,収益率データは左右対称と判断できます.

基準化観測値の4乗の平均値を**尖度**(せんど)とよびます:

$$尖度 = \frac{基準化観測値の4乗和}{観測値の個数}$$

正規分布の尖度の値は3となります.尖度が3より大きければ,正規分布より

長い裾が示唆されます．逆に尖度が3より小さければ，正規分布より短い裾が示唆されます．

東証収益率データの尖度は3.77と計算されます．その値は正規分布で期待される3よりやや大きく，正規性よりも長い裾の分布が示唆されます．

R 実習

まず，stock.csv を
http://web.sfc.keio.ac.jp/~kogure/asakura/data-analysis.html
からダウンロードし，Rの作業ディレクトリーに保存して下さい．

```
# 図 6.5 の作成
> stock<-read.csv("stock.csv")
> attach(stock)
> topix.ts<-ts(topix, start=c(1977, 1), freq=12)
> plot(topix.ts, ylab="TOPIX")
> y<-diff(log(topix.ts))
> plot(y, ylab="TOPIX Retuen")
# 図 6.6 の作成
> hist(y, prob=T, breaks="FD", xlab="収益率",
  ylab="確率密度", main="")
> mu<-mean(y)
> sigma<-sd(y)
> x<-dnorm(-15:15/100, mu, sigma)
> lines(-15:15/100, x, col="blue")
# 歪度と尖度の計算
> z<-(y-mu)/sigma  # 基準化偏差を作成
> mean(z^3)    # 歪度
> mean(z^4)    # 尖度
```

付録：運命の回転盤

連続確率変数がある値をとる確率がゼロとなる簡単な例を示す．

図 6.7 のような回転盤を回したとき，回転盤はどの位置で止まるであろうか．回転盤の円周を 1 とし，止まる位置を X としよう．X のとりうる値は 0 から 1 までの連続する値である．すなわち，X は連続確率変数である．

X がある値 x をとる確率はいくつであろうか．その値を c としよう．すなわち

$$\Pr(X = x) = c > 0$$

これはすべての x に対して成立する．したがって，すべての $1 \leq i \leq n$ に対して

$$\Pr\left(X = \frac{i}{n}\right) = c$$

となる．したがって

$$\Pr\left(X = \frac{1}{n}\right) + \Pr\left(X = \frac{2}{n}\right) + \cdots + \Pr\left(X = \frac{h}{n}\right) = nc$$

が成立する．左辺は決してに 1 を超えることはないが，n を大きくすれば右辺はいくらでも大きくできる．したがって，$c > 0$ は誤りであり，$c = 0$ となる．

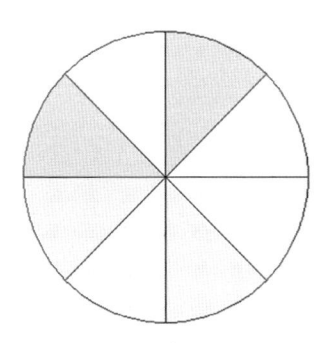

図 6.7　運命の回転盤

7 ランダムサンプリング：標本調査

　内閣府では，政府の施策に関する国民の意識を把握するためにさまざまな世論調査を実施しています．この世論調査は，たかだか数千人の調査に基づく**標本調査**です．そのような標本調査でいかにして国民全体の意識を測ることができるのでしょうか．このような標本調査のカギとなるのは，**ランダムサンプリング**（無作為標本抽出）という考え方です．この章では，ランダムサンプリングのコンセプトを学び，いかに**標本調査**を行うべきかを考えます．

7.1　世論調査：失敗例

　1936年の米国大統領選挙において，リテラシー・ダイジェスト誌は200万人の調査結果に基づいて共和党のランドン候補の当選を予想しました．一方，社会心理学者のギャロップは3000人の調査結果に基づいて民主党のルーズベルト候補の当選を予想しました．しかし，予想を的中させたのは，わずか3000人の調査に基づくギャロップでした．

　なぜリテラシー・ダイジェスト誌の予想は外れたのでしょうか．実は，リテラシー・ダイジェスト誌の調査は，自らの読者リストおよび電話帳と自動車の保有者リストから選んだ1000万人に対するアンケートによるものでした．リテラシー・ダイジェスト誌の読者層は一般に富裕層であり，また当時は電話や自動車を保有する人は比較的所得の高い人に限られていました．その意味で，この調査はある特定の社会クラスに偏っています．また，回答されたアンケートは20％にとどまり，無回答者の意見は反映されませんでした．

7.2　視聴率調査：ランダムサンプリング

　もしも本当の世論を知りたいならば，地域・性別・職業・所得・信条のような個々人の特性に偏ることなく，調査対象者を無作為に選ばなければいけません．そのためには，対象となるどの人も同じ確からしさで選択される抽出方法を採用すればいいでしょう．これをランダムサンプリング（無作為抽出）とよびます．

　世論調査に限らず，標本調査はランダムサンプリングを基本とします．ビデオリサーチ社によるテレビ視聴率調査を例にとって，ランダムサンプリングをいかに行うか考えてみましょう．ホームページ[*1)]で公開されているビデオリサーチ社の情報によると，視聴率調査は以下の手順で行われます．

(1) 国勢調査の世帯数データをもとに調査エリア内の総世帯数を求める．仮に，関東地区のエリア内総世帯数を1500万世帯とする．

(2) 調査エリア内総世帯数を調査対象世帯数600で割り，「インターバル」を決める．

$$\text{インターバル} = \frac{\text{関東地区エリア内総世帯数}}{\text{関東地区調査対象世帯数}} = \frac{1500\,\text{万}}{600} = 25000$$

(3) 乱数表を用いて25000よりも小さな数字をひとつ選び，スタートナンバーとする．この数字が1番目の対象世帯となる．

(4) スタートナンバーにインターバルを加算していき，選ばれる世帯の番号を求めていく．

　この視聴率調査の対象全体である関東エリアの1500万世帯を**母集団**といいます．調査の関心は，この母集団全体の視聴率です．このような関心の対象となる母集団の特性値を**パラメータ**といいます．また，この視聴率調査において抽出された$n=600$世帯を**標本**といいます．

　母集団全体の視聴率をpとしましょう．標本においてi番目に抽出された世帯が，番組を見たかどうかはベルヌーイ確率変数

[*1)] http://www.videor.co.jp/index.htm

$$X_i = \begin{cases} 1, 番組を見た & 確率\ p \\ 0, 番組を見なかった & 確率\ 1-p \end{cases}$$

に従います[*2]. このとき, $S = X_1 + X_2 + \cdots + X_n$ は n 世帯のうち何世帯が番組を視聴するかを表し,

$$標本平均 = \bar{X} \equiv \frac{S}{n}$$

は標本における視聴率を表します.

7.3 信頼区間

標本視聴世帯数 S は試行回数が $n = 600$, 成功確率が p の2項分布に従うため, 標本視聴率 $\bar{X}$ の平均と分散は以下のように与えられます:

$$\mathrm{E}[\bar{X}] = \frac{\mathrm{E}[S]}{n} = \frac{np}{n} = p \tag{7.1}$$

$$\mathrm{Var}(\bar{X}) = \frac{\mathrm{Var}(S)}{n^2} = \frac{np(1-p)}{n^2} = \frac{p(1-p)}{n} \tag{7.2}$$

(7.1) 式は, 標本平均の期待値が母集団平均に一致することを表します. これは, 何回も標本抽出を繰り返して, 各回の標本平均の平均値を計算すると, それが母集団平均に一致することを意味します.

しかし, 現実には, ある特定の番組の視聴率調査は1回しか行われないかもしれません. その場合, 標本視聴率 $\bar{X}$ は母集団視聴率 p とは大きく異なるかもしれません. (7.2) 式は, 抽出する世帯数 n を増やせば, 分散(平均のまわりの散らばり)が小さくなることを示しています. 言い換えれば, 1回の調査結果であっても, n が「十分に大きい」場合には標本平均を母集団平均の推定値とみなすことができます.

標本平均の母集団平均への集中度は信頼区間を計算することによって数値的に評価できます. 最もよく使われる信頼区間は, 標本平均値を中点とする次の

[*2] 厳密にいうと, これは無限母集団のときに成立します. しかし, 実用上は, 1500万世帯を無限母集団と考えて構わないでしょう.

区間

$$[\bar{X} - 2 \cdot \text{SE}, \quad \bar{X} + 2 \cdot \text{SE}]$$

です．ここで，SE は，標本平均の標準偏差（シグマ）の推定値であり

$$\text{SE} \equiv \sqrt{\frac{\bar{X}(1-\bar{X})}{n}}$$

によって計算されます．これを **2 シグマ区間** とよぶことにします．2 シグマ区間は，確率 95% で母集団平均を含むことを保証します[*3]．したがって，もしも標本調査を 100 回行ったとすれば，そのうち 95 回は 2 シグマ区間の中に母集団視聴率が含まれることになります．この意味で，2 シグマ区間の**信頼水準**は 95% であるといわれます．

7.4　紅白歌合戦の視聴率

表 7.1 は平成 14 年から平成 19 年にかけての紅白歌合戦の視聴率です．平成 17 年の紅白歌合戦は民放で活躍する大物司会者 MM 氏を起用しました．その結果でしょうか，1 部の視聴率は前年に比べ約 4.6% 上昇し 35.4% となりました．この高視聴率に対して，シグマの値は

$$\text{SE} = \sqrt{\frac{0.354(1-0.354)}{600}} = 0.02$$

となりますから，2 シグマ区間は，35.4% ± 4.0% となります．したがって，100 回の調査のうち 95 回において，母集団平均は 31.4% と 39.4% の間に入ってい

表 7.1　紅白歌合戦の視聴率

年（回）	視聴率（2 部）	視聴率（1 部）
平成 19(58)	39.5%	32.8%
平成 18(57)	39.8%	30.6%
平成 17(56)	42.9%	35.4%
平成 16(55)	39.3%	30.8%
平成 15(54)	45.9%	35.5%
平成 14(53)	47.3%	37.1%

[*3]　これは，次の章で述べる「中心極限定理」の働きによります．

表 7.2　2 シグマ区間

視聴率 ($\bar{X}$)	標本数 $(n) = 150$	標本数 $= 600$	標本数 $= 2400$
5%, 95%	±3.6%	±1.8%	±0.9%
10%, 90%	4.9%	2.4%	1.2%
20%, 80%	6.5%	3.3%	1.6%
30%, 70%	7.5%	3.7%	1.9%
40%, 60%	8.0%	4.0%	2.0%
50%	8.2%	4.1%	2.0%

るといえます．いいかえれば，5%の例外を除いて，前年度よりも視聴率が上昇したといえるでしょう[*4]．

信頼区間の幅は，視聴率と標本数の 2 つの要因に依存します．表 7.2 は，この 2 つの要因のさまざまなレベルに対する 95%信頼区間の幅を示しています．この表からわかるように，一般に視聴率が 50%から離れるほど信頼区間の幅は小さくなります．また，区間幅を半分にするには，標本の大きさを 4 倍にしないといけません．

7.5　消費税の世論調査

以下の質問と回答は，2007 年 11 月 21 日付読売新聞に掲載された「消費税上げ「やむなし」50%「容認せず」を上回る」というタイトルの記事からの抜粋です：

――――― 消費税の世論調査 ―――――

<質問>
年金などの社会保障制度を維持するために，「消費税の引き上げはやむを得ない」という意見がありますが，あなたは，そう思いますか，そうは思いませんか．

<回答>
・そう思う　　　　　　　　　　24.4%
・どちらかといえばそう思う　　25.3%

[*4] この議論は，前年度の視聴率を所与としています．

- どちらかといえばそう思わない　16.6%
- そうは思わない　　　　　　　　31.5%
- 答えない　　　　　　　　　　　 2.2%

これは全国の有権者から選ばれた 3000 人に対する標本調査の結果です．3000 人は単純なランダムサンプルではなく，母集団を地域・年代・性別で層別してから行う層化 2 段無作為抽出法[*5)]に基づいて抽出されました．

「そう思う」と「どちらかといえばそう思う」を合わせた賛成は 49.7%，「そう思わない」と「どちらかといえばそう思わない」を合わせた反対派は 48.1% です．「答えない」という回答 (2.2% = 40 人) を除いて計算すると賛成派は 50.3% となり反対派をわずかに上回ります．これがこの記事のタイトル「消費税上げ「やむなし」50%「容認せず」を上回る」の理由でしょう．いま，有効回答数の 1810 人から「答えない」という回答 (2.2% = 40 人) を除外した 1770 人 (= 1810 − 40) の i 番目の有権者に対して

$$X_i = \begin{cases} 1, & \text{「そう思う」または「どちらかといえばそう思う」} \\ 0, & \text{「そう思わない」または「どちらかといえそう思わない」} \end{cases}$$

とすれば，$S = \sum_{i=1}^{1770} X_i$ は試行回数 1788，成功確率 p の 2 項分布に従います[*6)]．ここで，p は「答えない」という回答を除いた場合の「やむなし」の確率を表します．

S の実現値は 1810 人 × 49.7% = 900 人 ですから，「答えない」を除外した消費税上げ賛成の標本比率は

$$\frac{900}{1788} = 50.3\%$$

であり，その標準誤差は

[*5)] 調査は全国の 200 地点で行われ，その内訳は大都市（東京 23 区と政令指定都市）23%，中核都市（人口 30 万人以上の市）18%，中都市（人口 10 万人以上の市）24%，小都市（人口 10 万人未満の市）23%，町村 12% です．また，回答者の内訳は，男 50%，女 50% であり，20 歳代 10%，30 歳代 16%，40 歳代 17%，50 歳代 20%，60 歳代 21%，70 歳以上 16% と層化されています．また，有効回収数は 1810 人（回収率 60.3%）でした．

[*6)] より厳密にいいますと，「答えない」という回答を所与とした条件付き分布がこのような 2 項分布に従います．

$$\sqrt{\frac{0.503(1-0.503)}{1788}} \fallingdotseq 1.2\%$$

となります．したがって，2シグマ信頼区間は

$$50.3\% \pm 2 \times 1.2\% = [47.9, 52.7]$$

となり，p が 50% を下回っている可能性も十分にありえます．記事タイトルは誤りではありませんが，たとえば「消費税上げ，賛成派と反対派が拮抗」のようなタイトルのほうがデータの結果をより忠実に表現しているかもしれません[*7)]．

R 実習：ランダムサンプリング

R の関数「sample」を用いて，ランダムサンプリングを行うことができます．

```
> sample(1:6, 2)
# 1 から 6 の数字から 2 つの「異なる」数字をランダムサンプリングする
> sample(1:6, 2, replace=T)
# 置き換えて，サンプリング（同じ数値を許す）
> sample(0:1, 10, replace=T, prob=c(0.8, 0.2))
# 0 または 1 を 10 個サンプリング．ただし，0 と 1 の出現確率を 0.8 と
  0.2 とする
> x<-sample(0:1, 600, replace=T, prob=c(0.8, 0.2))
> x # ランダムサンプリングの結果
> mean(x)   # 600 世帯の標本の視聴率
```

次に，大きさ 600 の標本を 10000 回サンプリングします．

```
> x600<-rep(0, 10000)    # x600 は 10000 個のゼロ
> for (i in 1:10000)
# 「{」と「}」で囲まれた部分を i が 1 から 10000 まで実行
  {
  x<-sample(0:1, 600, replace=T, prob=c(0.8, 0.2))
```

[*7)] 田村 秀「データの罠－世論はこうしてつくられる－」集英社新書では，1997 年に行われた同様な調査の例を引いて，世論調査を公表する際の注意点を指摘しています．

```
    phat<-mean(x)
    SE<-sqrt(phat*(1-phat)/600)
    Zn<-(phat-0.2)/SE
    x600[i]<-Zn
    }
>   hist(x600, breaks="Scott", prob=T)    # x600 のヒストグラム
>   x<-seq(-4, 4, 0.01)    # x は -4 から 4 までの 0.01 刻みの数字
>   lines(x, dnorm(x), col="red")
#   標準正規分布の密度関数を追加
```

7.6　標本調査の注意点

7.6.1　味噌汁の味見：被爆 60 年アンケート

2005 年 7 月 17 日付の朝日新聞は，「被爆者 8 割，今も心に傷　戦後 60 年，1 万 3 千人回答　責任「日米双方に」5 割」というタイトルで以下の記事を掲載しています．

――――――――― 被爆 60 年アンケート ―――――――――
広島，長崎の原爆で被爆した人のうち全国 4 万人余りを対象に，朝日新聞社は健康状態や原爆被害への考えなどを尋ねる「被爆 60 年アンケート」を実施した．回答者は 1 万 3204 人（回答率 32％）．健康不安を抱えている人が約 9 割に達し，被爆体験を今も日常生活の中で思い出す人が約 8 割にのぼった．原爆被害の責任については，日米両政府にあると考える人が半数を占め，約 6 割が再び「核兵器が使われる可能性がある」と考えていた．

同記事によると，アンケート調査は以下のように行われました．

――――――――― 被爆 60 年アンケートの方法 ―――――――――
朝日新聞社は，日本被団協と広島，長崎両大学の研究チームの協力を得

> て質問項目を作成．3〜4月，送達が可能な約4万人を対象に，各都道府県の被爆者団体を通じて郵送や手渡しで配布した．5月末までに，47都道府県に住む計1万3204人が朝日新聞広島総局へ回答を返送した．回答者の居住地の都道府県は，広島36％，長崎13％，東京12％など．広島で被爆した人が65％，長崎31％，不明4％．両地で被爆した人が9人いた．

2005年3月末現在の被爆者（被爆者健康手帳を交付された人）は26万人余りです．しかし，この調査では，送達が可能な約4万人を標本としています．また，回収率は32％と極端に低くなっています．この調査がランダムサンプリングであることには相当な疑いが残ります．この章の最初の例でみたように，標本調査において標本数を必要以上に大きくすることは重要ではありません．むしろ，比較的小さい標本に絞り，ランダム性の確保を図るべきでしょう．「標本調査は，味噌汁の味見」とよくいわれます．よく混ぜて，スプーン1杯から鍋全体の味を知ることが重要です．

7.6.2 回収率

標本を無作為に抽出したとしてもなんらかの理由により一部の回答が欠けていることがあります．このような欠落を除いた回答の比率を**回収率**といいます．欠落の理由が回答結果となんらかの関係があるとしますと，回収率の低い調査の結果は偏ったものとなるでしょう．したがって，たとえば，電話調査で回答が得られないような場合には，さらに面接調査を行うというようにして回収率を高めるように努めることが重要です．

もしも回答が欠けている理由が，回答とは無関係であれば，回答された標本に基づいて分析を行っても大きな問題は生じません[8]．これを検討するためには，回答の欠落した変数と欠落していない変数の分布を比べればよいでしょう．検討の結果，回答に偏りがあると判断されれば，なんらかの補正が必要となります．これは標本調査における重要な分野であり，多くの研究が行われていま

---

[8] これを MCAR(missing completely at random) といいます．この場合，回答の精度は落ちますが，推定の偏りは生じません．

す[*9].

7.6.3　インターネットと社会調査

最近ではさまざまな調査がインターネットで行われています．このようなインターネット調査に関して独立行政法人「労働政策研究・研修機構」は「インターネット調査は社会調査に利用できるか－実験調査による検証結果－」(http://www.jil.go.jp/institute/reports/2005/017.html) という興味深い研究報告を行っています．この研究では，無作為抽出によって選ばれた調査対象への訪問面接調査（従来型調査）と，モニターを使ったインターネット調査や郵送調査では，調査結果の大半が有意に異なったと報告されています．特に，以下の点を指摘しています：

- 性，年齢，学歴，職業といった実体的な属性だけではその差が説明できないインターネット調査は，現段階では，従来型調査の代用としてそのまま用いることは不適切である．
- モニター（公募モニター，無作為抽出モニター）を使ったインターネット調査・郵送調査の回答者には，従来型調査と比較して共通の特徴（高学歴，労働時間が短い，不安・不満が強いなど）が観察された．

このように，現時点では，インターネット調査では従来の調査と同様な信頼性は必ずしも保証されていないと思われます．

[*9]　詳細については，たとえば，C-E. Särndal and S. Lundström, *Estimation in Surveys with Nonresponse*, John Wiley & Sons (2005) を参照下さい．

8 ランダムサンプリング：標本理論

　この章では，7章で扱ったランダムサンプリングの基礎となる標本理論を説明します．その中心となるのは「大数の法則」と「中心極限定理」という2つの原理です．その重要な応用例として，保険のリスクを考察します．

8.1　IID

　無限母集団からの無作為標本は，以下の2つの性質をもちます：
1) 各観測値が同一の確率分布に従う
2) 各観測値が互いに独立である

この2つの性質をもつ観測値は **IID** (independent and identically distributed) であるといわれます．ランダムサンプリングによって得られるコイン投げや視聴率調査の結果はIIDです．また，データ分析を行う場合に，台風の上陸回数，株価収益率のような実際の観測データもIIDとしばしばみなします．

8.2　標本平均

　母集団分布の平均を μ，分散を σ^2 とします．この母集団分布からの無作為標本を $\{X_1, X_2, \ldots, X_n\}$ とするとき：標本平均は

$$\bar{X} \equiv \frac{X_1 + X_2 + \cdots + X_n}{n}$$

と定義されます．標本平均は以下の性質をもちます：
　1) 標本平均の平均（期待値）：　$\mathrm{E}[\bar{X}] = \mu$
すなわち，標本平均の期待値は母集団平均に一致します．

2) 標本平均の分散： $\mathrm{Var}(\bar{X}) = \dfrac{\sigma^2}{n}$

したがって，標本平均の分散は，n が大きいほど小さくなります．
これらの性質の証明はこの章の付録1, 2で述べます．

8.3　大数の法則

標本平均 $\bar{X}$ と母集団平均 μ の差を**標本誤差**といいます．標本誤差 $\bar{X} - \mu$ は確率変数であり，その変動の大きさは

$$\Pr\left(|\bar{X} - \mu| \leq c\right) \geq 1 - \frac{\sigma^2}{nc^2} \tag{8.1}$$

と確率的に評価できます．ここで，c は任意の正数です[*1)]．この式の左辺は標本平均 $\bar{X}$ が母集団平均 μ を中点とする幅 $2c$ の区間に入る確率を表します．標本の大きさ n が大きいとき，右辺はほぼ1に等しくなります．したがって，(8.1) は n を十分大きくとれば，標本誤差が c 以下である確率はほぼ1に等しいということを意味します．ここで c をいくらでも小さく設定できますので，これは「標本の大きさ n が十分に大きければ，標本平均は母集団にほぼ等しい」と言い換えることができます．これを**大数の法則**（たいすうのほうそく）といいます．

――― 大数の法則 ―――
大きさ n の無作為標本の標本平均 $\bar{X}$ は，n が十分に大きいとき，母集団平均 μ に近似的に等しい．

8.3.1　保険と大数の法則

保険に加入すると，少額の保険料を支払うことによって万が一のときに多額の保険金を受け取ることができます．この保険の制度は，大数の法則によって支えられています．

これを説明するために，1年以内に死亡したら1千万円の保険金を支払う簡単な生命保険を考えましょう．保険会社は n 人の契約者を抱えているとします．このとき，1年以内に死亡する確率を p とすると，i 番目の契約の受取人が1年

[*1)] これをチェビシェフの不等式とよびます．この章の付録3に証明を掲げます．

後に受け取る保険金は

$$X_i = \begin{cases} 1 \text{ (千万円)}, & \text{確率 } p \\ 0 \text{ (千万円)}, & \text{確率 } 1-p \end{cases}$$

と表せます.保険会社は,保険金の期待値 $\mathrm{E}[X_i] = p$ にコスト c(管理費や正常利益など)を上乗せして,以下のように保険料を設定するものとしましょう.

$$\text{保険料} = \mathrm{E}[X_i] + c = p + c$$

このとき,保険会社の受け取る総保険料は,$n(p+c)$ 円であり,保険会社が支払う総保険金は,確率変数

$$T \equiv X_1 + X_2 + \cdots + X_n$$

によって表されます.保険会社が破綻(はたん)しない確率は

$$\Pr(\text{総保険金} < \text{総保険料}) = \Pr(T < n(p+c))$$
$$= \Pr\left(\frac{T}{n} < p+c\right) = \Pr\left(\bar{X} - p < c\right)$$

となります.もしも,n が大きければ,大数の法則により,$\bar{X}$ は p とほぼ等しくなり,$c > 0$ に注意すれば

$$\text{保険会社が破綻しない確率} = \Pr\left(\bar{X} - p < c\right) \fallingdotseq \Pr\left(0 < c\right) = 1$$

となります.

契約者数 n を増やすことは,総保険料 T が増加し保険会社にとってはリスクを積み上げることを意味します(リスクプーリング).しかし,このようなリスクプーリングの効果によって,大数法則が成立し,1 人当たりの保険料 $\bar{X}$ のリスク(標本誤差)が逓減します.その結果,保険会社は破綻せずに営業を続けることができます.このことは,保険契約者をたくさん抱える大手保険会社のほうが破綻しにくいことを示唆します[*2].

[*2] 実際には,死亡確率 p は性別・年齢に依存します.したがって,保険集団を年齢・性別に層別化し同質的な集団を構成しないと十分なリスクプーリングの効果が得られません.また,最近では性別・年齢にかかわらず死亡率が低下する傾向にあります.このような時間的変化も考慮する必要があります.

8.3.2 大数の法則と標本分散

大きさ n の無作為標本 $X_1, X_2, \ldots, X_n$ の標本分散

$$S^2 = \frac{1}{n} \sum_{i=1}^{n} (X_i - \bar{X})^2$$

は

$$S^2 = \frac{1}{n} \sum_{i=1}^{n} (X_i - \mu)^2 - (\bar{X} - \mu)^2 \tag{8.2}$$

と書き換えることができます[*3]. 大数の法則により $\bar{X} \fallingdotseq \mu$ となりますから，(8.2) の右辺第 2 項は近似的にゼロとなります．ここで，$Y_i \equiv (X_i - \mu)^2$ とおくと，標本分散は $Y_1, Y_2, \ldots, Y_n$ の標本平均

$$S^2 \fallingdotseq \frac{1}{n} \sum_{i=1}^{n} Y_i$$

の形に近似的に表せます．$Y_1, Y_2, \ldots, Y_n$ も大きさ n の無作為標本とみなせますから，$\mathrm{E}[Y_i] = \mathrm{E}[(X_i - \mu)^2] = \sigma^2$ に注意すると，n が十分に大きいとき大数の法則により $S^2 \fallingdotseq \sigma^2$ となります．

標本平均や標本分散のように標本から計算した数値を**統計量**といいます．1 章で考えた中央値や四分位範囲，6 章で扱った標本歪度や標本尖度も統計量です．これらの統計量についても，大数の法則が成立し，対応する母集団の特性値に近似的に等しくなります．

8.4 中心極限定理

大数の法則は，「n が十分に大きい場合には標本誤差をゼロと考えても構わない」という主張です．これは大変便利ですが，やや粗い近似です．中心極限定理を用いると，より精密な近似を得ることができます：

---- 中心極限定理 ----

$\bar{x}$ を平均 μ, 分散 σ^2 の母集団から抽出した大きさの無作為標本の標本平均とする．$\bar{x}$ の標本誤差は，n が十分に大きいとき，正規分布によって以

[*3] この章の付録 4 を参照下さい．

下のように近似できる:

$$\bar{X} - \mu \fallingdotseq \frac{\sigma}{\sqrt{n}} Z$$

ここで，Z は標準正規分布に従う．

この式の右辺は n とともにゼロに近づきますから，中心極限定理は，大数の法則を拡張したものとも考えられます．

中心極限定理は，標本平均の分布は平均 μ，分散 σ^2/n の正規分布に近似的に従う

$$\bar{X} \sim N\left(\mu, \frac{\sigma^2}{n}\right)$$

と言い換えることができます．この標本平均の分布の標準偏差 $\sigma/\sqrt{n}$ を標準誤差といいます．n が大きければ，もとの母集団がベルヌーイ分布でもポアソン分布でも，中心極限定理が成立します．

8.4.1 中心極限定理と保険

8.3 節の保険の例を再考しましょう．そこでは 1 人当たりのコスト c は所与の正の定数でした．中心極限定理を用いると，c の大きさに応じた破綻確率の評価が可能となります．たとえば，c を以下のように設定しましょう．

$$c = 2\sqrt{\frac{p(1-p)}{n}}$$

このとき，総保険支払額 T が総保険料 $n(p+c)$ を下回る確率は

$$\begin{aligned}
\Pr(T < n(p+c)) &= \Pr(\bar{X} < p+c) \\
&= \Pr\left(\frac{\bar{X} - p}{\sqrt{p(1-p)/n}} < 2\right) \fallingdotseq \Pr(Z < 2) = 0.977 \\
&\quad \text{ここで，} Z \sim N(0,1)
\end{aligned}$$

となり，破綻確率は約 2.3% と見積もられます．より一般に，任意の正定数 k に対して

$$c = k\sqrt{\frac{p(1-p)}{n}}$$

とすれば破綻しない確率は $\Pr(Z<k)$ となります．たとえば，破綻する確率を1%以下にしたいならば

$$\Pr(Z<k) = 0.99$$

となるように $k=2.326$ と設定すればよいでしょう．逆に各保険各社が破綻確率が同一になるようにそれぞれの k を設定しているとすれば，契約者数 n が多い大手保険会社ほど保険料のコスト c を低く設定できることになります．

8.5　標本分散に対する中心極限定理

8.3 節でみたように，標本分散は

$$S^2 \fallingdotseq \frac{1}{n}\sum_{i=1}^{n} Y_i = \bar{Y}$$

と近似的に表せます．ここで，Y_i の期待値は

$$\mathrm{E}[Y_i] = \mathrm{E}\left[(X_i-\mu)^2\right] = \sigma^2$$

であり，Y_i の分散は

$$\mathrm{Var}(Y_i) = \mathrm{E}\left[(X_i-\mu)^4\right] - \sigma^4 = \mu_4 - \sigma^4$$

となります．ただし，μ_4 は

$$\mu_4 \equiv \mathrm{E}\left[(X_i-\mu)^4\right]$$

と定義されます．したがって，$\{Y_1, Y_2, \ldots, Y_n\}$ に対して中心極限定理を適用すれば，標本分散の標本分布は近似的に以下のような正規分布に従うことがわかります：

$$S^2 \fallingdotseq N\left(\sigma^2, \frac{\mu_4-\sigma^4}{n}\right) \tag{8.3}$$

同様にして，平均や分散以外の多くの統計量の標本分布も，その平均が対応する母集団特性値である正規分布に近似的に従います．ただし，各統計量の標準誤差（標本分布の標準偏差）は異なります．以下の表 8.1 は，正規母集団からの無作為標本に対するさまざまな統計量の標準誤差を与えます．表 8.1 において，分散の標準誤差の表現が (8.3) と異なっているのは，母集団が正規分布の場合は，$\mu_4 = 3\sigma^4$ となるためです．

表 8.1 さまざまな統計量の標本分布の標準誤差（正規母集団）

統計量	標準誤差
平均	$\sigma/\sqrt{n}$
分散	$\sqrt{2}\sigma^2/\sqrt{n}$
標準偏差	$\sigma/\sqrt{2n}$
中央値	$1.25\sigma/\sqrt{n}$
歪度	$\sqrt{6/n}$
尖度	$\sqrt{24/n}$
四分位範囲	$1.6\sigma/\sqrt{n}$

8.6 信頼区間

7章で取り上げた信頼区間を考えましょう．平均が μ，分散が σ^2 である母集団から抽出した大きさ n の無作為標本の標本平均と標本分散を $\bar{X}$，S^2 とします．このとき中心極限定理と大数の法則から，任意の正の定数 k に対して

$$\Pr\left(-k < \frac{\bar{X}-\mu}{S/\sqrt{n}} < k\right) \fallingdotseq \Pr(-k < Z < k)$$

となります．この式の左辺は

$$\Pr\left(\bar{X} - k\frac{S}{\sqrt{n}} < \mu < \bar{X} + k\frac{S}{\sqrt{n}}\right)$$

に，右辺は $1 - 2\Pr(Z > z)$ に書き換えることができます．ここで，k を

$$1 - 2\Pr(Z > k) = 0.95 \quad \Leftrightarrow \quad \Pr(Z > k) = 0.025$$

を満たすように設定しましょう．このような k を標準正規分布の上側2.5%点といい，$z_{0.025}$ という記号で表すことにします．$z_{0.025}$ の値は約 1.96 ですが，大雑把に 2 と覚えておきましょう．このとき

$$\Pr\left(\bar{X} - z_{0.025}\frac{S}{\sqrt{n}} < \mu < \bar{X} + z_{0.025}\frac{S}{\sqrt{n}}\right) \fallingdotseq 0.95$$

となります．すなわち，区間

$$\left[\bar{X} - z_{0.025}\frac{S}{\sqrt{n}}, \quad \bar{X} + z_{0.025}\frac{S}{\sqrt{n}}\right]$$

が μ を含む確率は約 0.95 となります．これを μ の 95%信頼区間とよびます．
同様にして，μ の $100(1-\alpha)\%$ 信頼区間を以下のように構築することができます：

信頼区間

α を 0 と 1 の間の任意の定数とする．n が十分に大きいとき，μ の $100(1-\alpha)\%$ 信頼区間は

$$\left[\bar{X} - z_{\alpha/2}\frac{S}{\sqrt{n}}, \quad \bar{X} + z_{\alpha/2}\frac{S}{\sqrt{n}}\right]$$

と与えられる．ここで，$z_{\alpha/2}$ は標準正規分布の上側 $100(\alpha/2)\%$ 点である．すなわち $z_{\alpha/2}$ は

$$\Pr(Z > k) = \alpha/2$$

となるような k の値である．

---

7 章で考えたテレビ視聴率や世論調査の例では，母集団比率 p の信頼区間を考えました．そこでは標本平均 $\bar{X}$ が標本比率でした．また標本分散は

$$S^2 = \frac{1}{n}\sum_{i=1}^{n}(X_i - \bar{X})^2 = \frac{1}{n}\bar{X}(1-\bar{X})$$

と書き換えられます．したがって，7 章の 2 シグマ信頼区間はこの章で述べた 95%信頼区間の特別な場合となります．

R 実習

7.5 節で取り上げた消費税に関する世論調査の信頼区間を計算してみましょう．prop.test という R 関数を用います．

```
> result<-prop.test(900, 1770, conf.level=0.95)
# prop.test は比率の信頼区間と仮説検定を行うコマンド
# 「900」は成功の回数，「1770」は試行の回数，
# 「conf.level=0.95」は信頼水準が 95%
> result$conf.int
# 結果の中の信頼区間（confidence interval）の部分だけを取り出す．
```

付　録

1. 2つの確率変数の和の平均

---- 公式 8.1 ----

$$T \equiv a_1 X_1 + a_2 X_2 \quad (a_1 \text{と} a_2 \text{は定数})$$

を考える．このとき：

$$\mathrm{E}[T] = a_1 \mathrm{E}[X_1] + a_2 \mathrm{E}[X_2]$$

- この公式の特別な場合として
    1) X_1 と X_2 が同一の分布に従う
    2) $a_1 = a_2 = 1/2$

とする．このとき，$\mathrm{E}[X_1] = \mathrm{E}[X_2] \equiv \mu$ であり，$T = \bar{X}$ である．したがって：

$$\mathrm{E}[\bar{X}] = \frac{1}{2}\mathrm{E}[X_1] + \frac{1}{2}\mathrm{E}[X_2] = \frac{1}{2}\mu + \frac{1}{2}\mu = \mu$$

- $n = 2$ のケースを一般化すれば，任意の n に対して

$$\mathrm{E}[\bar{X}] = \mu$$

2. 2つの確率変数の和の分散

---- 公式 8.2 ----

2つの確率変数 X と Y の線形結合

$$T \equiv a_1 X_1 + a_2 X_2 \quad (a_1 \text{と} a_2 \text{は定数})$$

を考える．このとき：

$$\mathrm{Var}(T) = a_1^2 \mathrm{Var}(X_1) + a_2^2 \mathrm{var}(X_2) + 2a_1 a_2 \mathrm{Cov}(X_1, X_2)$$

ここで，$\mu_1 \equiv \mathrm{E}[X_1]$，$\mu_2 \equiv \mathrm{E}[X_2]$ であり，

$$\mathrm{Cov}(X_1, X_2) \equiv \mathrm{E}[(X_1-\mu_1)(X_2-\mu_2)]$$

は X_1 と X_2 の共分散とよばれる.

証明:4 章付録 2 と全く同様にして証明できる. ∎

——— 公式 8.3 ———

もしも X_1 と X_2 が独立ならば,X_1 と Y_2 の共分散はゼロとなる.

証明:離散型の場合を考え,X_1 の可能な値を x_{1i},X_2 の可能な値を x_{2j} とする.このとき独立性から

$$\Pr(X_1=x_{1i}, X_2=x_{2j}) = \Pr(X_1=x_{1i})\Pr(X_2=x_{2j})$$

となる.共分散は

$$\begin{aligned}
\mathrm{Cov}[(X_1-\mu_1)(X_2-\mu_2)] &= \mathrm{E}[(X_1-\mu_1)(X_2-\mu_2)] \\
&= \sum_i \sum_j (x_{1i}-\mu_1)(x_{2j}-\mu_2)\Pr(X_1=x_{1i}, X_2=x_{2j}) \\
&= \sum_i \sum_j (x_{1i}-\mu_1)(x_{2j}-\mu_2)\Pr(X_1=x_{1i})\Pr(X_2=x_{2j}) \\
&= \left[\sum_i (x_{1i}-\mu_1)\Pr(X_1=x_{1i})\right] \times \left[\sum_j (x_{2j}-\mu_2)\Pr(X_2=x_{2j})\right] \\
&= \mathrm{E}[X_1-\mu_1] \times \mathrm{E}[X_2-\mu_2] = 0
\end{aligned}$$

と計算される. ∎

——— 公式 8.4 ———

もしも X_1 と X_2 が独立ならば,X_1 と X_2 の共分散はゼロとなり,その結果,

$$\mathrm{Var}(T) = a_1^2 \mathrm{Var}(X_1) + a_2^2 \mathrm{var}(X_2)$$

- この公式の特別な場合として,
    1) X_1 と X_2 が互いに独立に同一分布に従い,
    2) $a_1 = a_2 = 1/2$
    とすると

$$\operatorname{Var}(\bar{X}) = \left(\frac{1}{2}\right)^2 \operatorname{Var}(X_1) + \left(\frac{1}{2}\right)^2 \operatorname{var}(X_2)$$
$$= \left(\frac{1}{2}\right)^2 \sigma^2 + \left(\frac{1}{2}\right)^2 \sigma^2 = \frac{\sigma^2}{2}$$

- $n = 2$ のケースを一般化すれば，任意の n に対して

$$\operatorname{Var}(\bar{X}) = \frac{\sigma^2}{n}$$

3. チェビシェフの不等式

---- 公式 ----

平均が μ，分散が σ^2 である母集団から抽出した大きさ n の無作為標本の標本平均を $\bar{X}$ とするとき，任意の $c > 0$ に対して

$$\Pr\left(|\bar{X} - \mu| \geq c\right) \leq \frac{\sigma^2}{nc^2}$$

証明：いま

$$D = \begin{cases} 1, & |\bar{X} - \mu| \geq c \text{ のとき} \\ 0, & |\bar{X} - \mu| < c \text{ のとき} \end{cases}$$

という確率変数を考える．このとき

$$D^2 \leq \frac{(\bar{X} - \mu)^2}{c^2}$$

となる．両辺の期待値をとると

$$\operatorname{E}[D^2] \leq \operatorname{E}\left[\frac{(\bar{X} - \mu)^2}{c^2}\right]$$

となる．ここで左辺は

$$\operatorname{E}[D^2] = 1^2 \times \Pr(|\bar{X} - \mu| \geq c) + 0^2 \times \Pr(|\bar{X} - \mu| < c) = \Pr(|\bar{X} - \mu| \geq c)$$

右辺は

$$\operatorname{E}\left[\frac{(\bar{X} - \mu)^2}{c^2}\right] = \frac{\operatorname{E}[(\bar{X} - \mu)^2]}{c^2} = \frac{\sigma^2}{nc^2}$$

となる．∎

4. 標本分散

平均が μ, 分散が σ^2 の母集団から抽出した大きさ n の無作為標本を $X_1, X_2, \ldots, X_n$ とする. このとき

$$\begin{aligned}\sum_{i=1}^n (X_i - \mu)^2 &= \sum_{i=1}^n (X_i - \bar{X} + \bar{X} - \mu)^2 \\ &= \sum_{i=1}^n (X_i - \bar{X})^2 + \sum_{i=1}^n (\bar{X} - \mu)^2 + 2(\bar{X} - \mu) \sum_{i=1}^n (X_i - \bar{X}) \\ &= \sum_{i=1}^n (X_i - \bar{X})^2 + n(\bar{X} - \mu)^2\end{aligned}$$

となる. したがって,

$$\sum_{i=1}^n (X_i - \bar{X})^2 = \sum_{i=1}^n (X_i - \mu)^2 - n(\bar{X} - \mu)^2$$

が成立する. この式の両辺を n で割ると

$$S^2 = \frac{1}{n} \sum_{i=1}^n (X_i - \bar{X})^2 - (\bar{X} - \mu)^2$$

を得る.

9 仮説検定

9.1 消費税の世論調査

7章で取り上げた消費税に関する世論調査の例を再び考えましょう．無回答者は除いて考えると，1770人の回答のうち賛成（やむなし）が900人であり，870人が反対でした．このとき，標本における賛成の比率 $900/1770 = 50.8\%$ という数字から，「母集団における真の賛成率 p が50パーセントを超えている」と結論づけていいでしょうか．7章では信頼区間によってこの問題を考察しましたが，ここでは**仮説検定**という別の角度から考えてみましょう．

仮説検定では，「$p = 0.5$」という仮説に対して「$p > 0.5$」という別の仮説を対立させます[*1]．データが「$p = 0.5$」と整合するか否かを検討し，不整合であれば「$p = 0.5$」という仮説を棄却し，その結果「$p > 0.5$」という仮説を採択します．このとき，仮説「$p = 0.5$」を**帰無仮説**[*2]，仮説「$p > 0.5$」を**対立仮説**とよびます．

帰無仮説とデータとの整合性は z 値：

$$z \text{ 値} = \frac{標本賛成率 - 0.5}{標準誤差} = \frac{0.5085 - 0.5}{0.0119} = 0.7132$$

によって判断します．z 値は，標本から計算される

$$Z_n = \frac{\bar{X} - 0.5}{\sqrt{\hat{p}(1-\hat{p})/n}}$$

[*1] ここでは「$p < 0.5$」という可能性は最初から議論から排除しています．
[*2] 「帰無」（きむ）とはあまり見慣れない言葉ですが，無に帰すべき仮説という意味でこのような名称になったのでしょう．

の実現値です．もしも帰無仮説「$p=0.5$」が正しければ，中心極限定理から，Z_n は近似的に標準正規分布に従います．このとき，z 値は標準正規分布からの実現値となるでしょう．したがって，帰無仮説が正しい限り，平均的には z 値は 0 をとると期待され，たとえば 2 以上になる可能性は 2.5％しかありません．このことから，十分大きい正の定数 k に対して，z 値が k を超えれば帰無仮説を棄却というルールを考えることにします：

―――― 仮説検定のルール ――――
$z > k$ ならば帰無仮説を棄却し，$z \leq k$ ならば帰無仮説を受容する．

このルールを採用するとき以下の 2 種類の誤りを犯す可能性があります：
1) **第 1 種の過誤**：帰無仮説が正しいときに帰無仮説を棄却（＝対立仮説を採択）
2) **第 2 種の過誤**：帰無仮説が間違っているときに帰無仮説を受容（＝対立仮説を棄却）

この 2 つの過誤はトレードオフの関係にあるため，両方の過誤の可能性を同時に小さくすることはできません．伝統的な対処法は，第 1 種の過誤の確率が小さい値 α（たとえば $\alpha=0.05$）を超えないように棄却点 k を決めることです．このとき，α を**有意水準**といいます．

帰無仮説の下で，Z_n は近似的に標準正規分布に従いますから，第 1 種の過誤の確率は，

$$\text{「}z\text{値} > k \text{となる確率」} = \Pr(Z_n > k) \fallingdotseq \Pr(Z > k) = \alpha$$

となります．たとえば $\alpha = 0.05$ とすると，棄却点は $k = 1.645$ となります．一般の仮説検定のルールは以下のように与えられます：

―――― 仮説検定のルール ――――
有意水準が $100\alpha\%$ の仮説検定は

$$z > z_\alpha$$

ここで，z_α は標準正規分布の上側 $100\alpha\%$ 点である．

9.1.1 p 値

棄却点 k を z とした場合の第1種の過誤の確率は

$$\Pr(Z > k) = \Pr(Z > 0.7132) = 0.2379$$

となります．これを p 値とよびます．p 値は，図 9.1 の塗りつぶした箇所の面積です．有意水準 α と棄却点 k は

$$\Pr(Z > k) = \alpha$$

という関係にありますから，

$$\begin{cases} \alpha < p\,\text{値} & \Rightarrow \text{帰無仮説を棄却} \\ \alpha \geq p\,\text{値} & \Rightarrow \text{帰無仮説を受容} \end{cases}$$

となります．このように，p 値は棄却するか否かに関する有意水準の境界点と解釈できます．あらかじめ与えた有意水準に対して帰無仮説が棄却されるかどうかを問うよりも，p 値を提示するほうが実際のデータ分析の場面では有用で

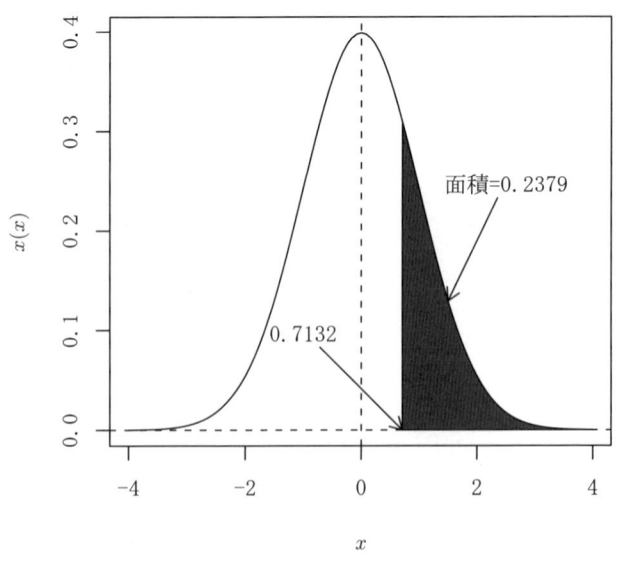

図 9.1 p 値

9.1 消費税の世論調査

す. p 値が大きいほど，データが帰無仮説を支持する程度は大きくなるということも覚えておきましょう.

R 実習

図 9.1 を作成しましょう.

```
# 図9.1の作成
> plot(dnorm, -4,4)
> xvalues<-seq(0.7132, 4, length=50)
> yvalues<-dnorm(xvalues)
> polygon(c(xvalues,rev(xvalues)), c(rep(0,50),
  rev(yvalues)), col="blue")
> abline(h=0, v=0, lty=2)
> arrows(2.5, 0.25, 1.5, dnorm(1.5), length=0.1, lty=1)
> text(2.5,0.25, "面積=0.2379")
> arrows(-1, 0.1, 0.7132, 0, length=0.1, lty=1)
> text(-1,0.1, "0.7132")
```

次に比率の検定を行います.

```
> prop.test(900, 1770, p=0.5, conf.level=0.95,
  alternative ="greater", correct=F)
# alternative ="greater"は対立仮説が「より大きい」
```

計算結果は以下のように表示されます：

```
1-sample proportions test without continuity correction

data:  900 out of 1770, null probability 0.5
X-squared = 0.5085, df = 1, p-value = 0.2379
alternative hypothesis: true p is greater than 0.5
95 percent confidence interval:
 0.488931 1.000000
sample estimates:
       p
0.5084746
```

9.2　　z 検定：気温上昇の検定

標本平均が正規分布に従うと仮定して，z 値を用いて行う検定を z 検定とよびます．z 検定を用いて，表 9.1 の東京における 1993 年と 2003 年の各月の気温データに有意な差があるか否かを検討してみましょう．

ここでは，最低気温に着目し，観測値を $X =$ 「2003 年の各月最低気温 − 1993 年

表 9.1

月	2003 年		1993 年		2003 年 − 1993 年	
	最高気温	最低気温	最高気温	最低気温	最高気温	最低気温
1	9.3	2.2	10.4	3.4	−1.1	−1.2
2	9.8	3.7	10.6	3.3	−0.8	0.4
3	12.5	5.4	12.9	6.9	−0.4	−1.5
4	19	12	19	11.5	0	0.5
5	22.3	16	21.1	14.1	1.2	1.9
6	26.5	20.7	23.6	17.9	2.9	2.8
7	25.8	20.6	29.2	22.5	−3.4	−1.9
8	29.4	23.6	30.4	24.6	−1	−1
9	28.1	21.4	26.8	20.7	1.3	0.7
10	21.4	14.9	20.4	14.5	1	0.4
11	17.1	12	16.8	9.7	0.3	2.3
12	13	6	12.9	6.4	0.1	−0.4

の各月最低気温」とします．差をとることによって月ごとの異質性は除去されると判断し，X を無作為標本とみなすことにします．X の大きさは $n = 12$ であり，その標本平均は 0.25，標本標準偏差は 1.4580 と計算されます．

X の母集団平均を $\mu = \mathrm{E}[X]$ とすると，10 年間で気温の上昇がないという仮説は「$\mu = 0$」です．これを帰無仮説とします．また，対立仮説は「$\mu > 0$」と設定します．

z 値：
$$z\text{ 値} = \frac{標本平均 - 0}{標準誤差} = \frac{0.25}{1.4580/\sqrt{12}} = 0.5940$$

と計算されます．このとき p 値は，

$$\Pr(Z > 0.5940) = 0.2763$$

と算出されます．したがって，帰無仮説を棄却するためには有意水準を 0.2763 以上にしなければなりません．これは標準的な有意水準の目安である 0.05 よりもかなり大きい値ですから，帰無仮説は棄却するには十分ではありません．したがって，このデータからは，東京において気温上昇があったと断定することはできません．

9.3　t 検定

以上の気温上昇の検定では，標本の大きさは $n = 12$ であり，中心極限定理の効果は十分に働かないかもしれません．この場合，標本平均が正規分布であるという仮定に依拠する z 検定を適用することは必ずしも妥当とはいえないでしょう．

このような小標本の場合には，z 値の代わりに，**t 値**：

$$t\text{ 値} = \frac{標本平均 - 0}{\widehat{\sigma}/\sqrt{n}} = \frac{0.25}{1.5229/\sqrt{12}} = 0.5687$$

に基づく **t 検定**によって検定を行う場合もあります．ここで，$\widehat{\sigma}^2$ は，標本分散を調整した**不偏分散**であり

$$\widehat{\sigma}^2 \equiv = \frac{nS^2}{n-1} = (1.5229)^2$$

と定義されます*3). z 検定と同様に, t 値が大きければ帰無仮説を棄却します. t 値は

$$T_{n-1} = \frac{標本平均 - 0}{\hat{\sigma}/\sqrt{n}}$$

の実現値です. もしも観測値 X が正規母集団からの無作為標本であれば, 帰無仮説の下で, T_{n-1} は自由度が $n-1=11$ の t 分布に従います. t 分布は図 9.2 にあるような 0 を中心とする左右対称な分布です. 自由度 n を大きくしていくと t 分布は標準正規分布に近づきますが, n が小さいと, 正規分布より両裾が長い分布となります.

この検定の p 値は, 自由度 11 の t 分布に従う確率変数がこの t 値より大きな値をとる確率であり,

$$\Pr(T_{n-1} > t) = 0.2905$$

となります. z 検定の場合と同様に, p 値が小さければ, 気温の上昇がないという仮説を棄却します. ここでは, p 値は通常の有意水準である 0.05 より大きく, やはり気温の上昇がないと判断されます.

以上の t 検定は, 標本の大きさ n が小さくとも成立しますが, その一方で観

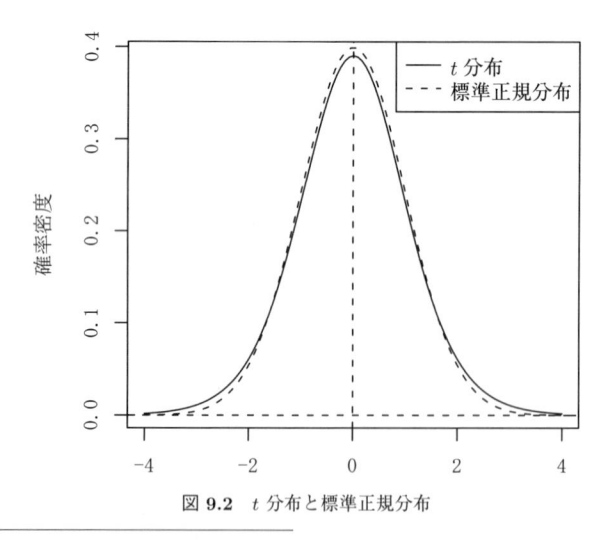

図 9.2 t 分布と標準正規分布

[*3)] 通常の標本分散 S^2 の期待値は $\mathrm{E}[S^2] = \sigma^2 \times (n-1/n)$ であり, 母集団分散 σ^2 を過少に推定します. 不偏分散は, この過少推定の偏りを調整したものです.

測値が正規分布に従うという強い仮定を必要とします．実際の応用では，この点に十分に注意を払う必要があります．

z検定に比べt検定のp値はより大きくなります．これは，t分布のほうが長い裾をもつためです．一般に，t検定はz検定より帰無仮説を強く支持します．

R 実習

図 9.2 を作成してみましょう．

```
# 図 9.2 の作成
> curve(dt(x, df=11), -4, 4, xlab="", ylab="確率密度")
> xvalues<-seq(-4, 4, length=100)
> lines(xvalues, dnorm(xvalues), lty=2)
> abline(h=0, v=0, lty=2)
> legend("topright", c("t分布", "標準正規分布"), lty=1:2)
```

つづいて，t検定を行いましょう．まず，temp.csv を
http://web.sfc.keio.ac.jp/~kogure/asakura/data-analysin.html
からダウンロードし，R の作業ディレクトリーに保存して下さい．

```
> temp<-read.csv("temp.csv", header=T)
> attach(temp)
# 分析対象を temp とする
> x.temp<-low03-low93
> mean(x.temp)
> sd(x.temp)
> t.test(x.temp, alternative="greater")  # t 検定（片側検定）
```

t検定の結果は以下のように表示されます：

```
        One Sample t-test

data: x.temp
t = 0.5687, df = 11, p-value = 0.2905
alternative hypothesis: true mean is greater than 0
95 percent confidence interval:
 -0.5394902        Inf
sample estimates:
mean of x
     0.25
```

9.4　仮説検定：レイキ（霊気）療法はペインマネジメントに有効か

カナダの医学雑誌に掲載された論文[*4)]では，がん患者の痛みを緩和する治療として，霊気療法が有効かどうかの実験結果を以下のように報告しています．

被実験者	VAS（前）	VAS（後）	リッカート（前）	リッカート（後）
1	6	3	2	1
2	2	1	2	1
3	2	0	3	0
⋮	⋮	⋮	⋮	⋮
19	4	3	2	1.5
20	8	8	3.5	3

このデータは，がんなどの痛みを抱える20人のボランティアの患者に対して，公認免許をもつ「霊気療法士」によって治療を施し，霊気療法の前後で，visual analogue scale (VAS) およびリッカート尺度によって痛みを測定した結果です．VASは0から10までの11段階，リッカート尺度は0から5までの6段階で表示されます．

[*4)] K. Olson and J. Hanson, Using reiki to manage pain, *Cancer Prevention and Control*, 1(2), 108–113, (1997)

9.4 仮説検定：レイキ（霊気）療法はペインマネジメントに有効か

9.4.1 ノンパラメトリック検定

レイキ療法の効果を検討するために，X を「VAS（前）−VAS(後) の値」としましょう．このとき，$n = 20$，標本平均 $= 2.25$，不偏分散 $= (1.94)^2$ です．X の母集団平均を μ とすると，「霊気療法が有効である」は「$\mu > 0$」と表されます．これに対して，「$\mu = 0$」は「霊気療法が有効でない」を表します．「$\mu = 0$」を帰無仮説，「$\mu > 0$」を対立仮説として検定を行えばいいでしょう．

しかし，n が小さいため z 検定は使えないでしょう．一方，X は明らかに正規分布には従わないため，t 検定も適用できません．このような場合，X の分布によらないノンパラメトリック検定を利用することができます．ここでは，代表的なノンパラメトリック検定であるウィルコクソンの検定を行いましょう．

この検定は符号付き順位和とよばれる統計量に基づいています．この符号付き順位和 V を説明するために，仮にデータが $X = (-10, 0.5, 2.1)$ という簡単な例を考えます．X から V を計算するには次のステップを踏みます：

1. X の絶対値 $|X|$ を計算する $|X| = (10, 0.5, 2.1)$
2. その順位は $(2, 1, 3)$
3. 符号付き順位和 V を計算する：

$$V = (-10 \text{ の符号} \times -10 \text{ の順位}) + (0.5 \text{ の符号} \times 0.5 \text{ の順位})$$
$$+ (2.1 \text{ の符号} \times 2.1 \text{ の順位}) = -2 + 1 + 3 = 2$$

このように，符号付き順位和は，観測値の符号と順位にのみ依存します．

もしも，帰無仮説「$\mu = 0$」が正しいとすると，V の期待値はゼロです．V の分布はもとの分布によらずに導かれ，それに基づいて p 値も計算されます．この場合は V の実現値は 153 であり

$$\Pr(V > 153) = 0.0001395$$

となります．標準的な有意水準の下では帰無仮説は棄却され，霊気療法は効果があると判断されます．

R 実習

まず，reiki.csv を
http://web.sfc.keio.ac.jp/~kogure/asakura/data-analysis.html

からダウンロードし，R の作業ディレクトリーに保存して下さい．

```
> reiki<-read.csv("reiki.csv", header=T)
> attach(reiki)
# 分析対象を reiki とする
> x.reiki<-VAS.before-VAS.after
> mean(x.reiki)
> sd(x.reiki)
> wilcox.test(x.reiki, alternative="greater", exact=F)
# ウィルコクソン検定
```

ウィルコクソン検定の結果は以下のように表示されます：

```
        Wilcoxon signed rank test with continuity correction

data:  x.reiki
V = 153, p-value = 0.0001395
alternative hypothesis: true location is greater than 0
```

10　回帰分析入門

8章や9章では，観測データが無作為標本であるとみなして分析を行いました．しかし，われわれが出会う多くのデータは無作為標本とは考えられません．回帰分析は，そのようなデータを分析する統計手法です．多種多様なデータを分析するために，さまざまな回帰分析が開発されています．この章では，最も基本的な**単回帰モデル**を説明します．

10.1　100m走の年間世界記録データ

表10.1は1975年以来の男子100メートル走の年間世界最高記録です[*1]．図10.1は横軸（x軸）を年，縦軸（y軸）を年間最高記録とした散布図です．この図からわかるように，年間最高記録は，年（時間）とともに速くなる傾向をもっていますが，同一の分布に従っているとは考えられません．

表 10.1　男子 100 m 走の年間最高記録

年	最高記録	年	最高記録	年	最高記録
1975	10.05	1986	9.95	1997	9.86
1976	10.06	1987	9.93	1998	9.86
1977	9.98	1988	9.92	1999	9.79
1978	10.07	1989	9.94	2000	9.86
1979	10.01	1990	9.96	2001	9.82
1980	10.02	1991	9.86	2002	9.78
1981	10.00	1992	9.93	2003	9.93
1982	10.00	1993	9.87	2004	9.85
1983	9.93	1994	9.85	2005	9.77
1984	9.96	1995	9.91	2006	9.77
1985	9.98	1996	9.84	2007	9.74

[*1]　それ以前の記録は手動式計測によるものです．

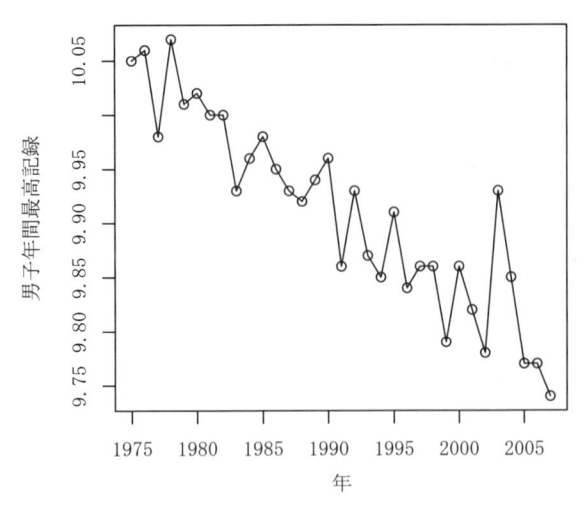

図 10.1　男子 100m 走の年間最高記録の推移

10.2　回帰モデル

10.2.1　モデル

最高記録データの傾向は

$$各年の最高記録 = \alpha + \beta(年 - 1975) \tag{10.1}$$

という直線で表現できるでしょう．ここで α は 1975 年の最高記録を，β は毎年の記録の伸びを表すパラメータです．未知であるこれらのパラメータを推定するために，以下の**回帰モデル**を考えましょう．

―――― 回帰モデル ――――

$$Y_i = \alpha + \beta X_i + \varepsilon_i \quad (i = 1, 2, \cdots, n) \tag{10.2}$$

ここで，n は観測値の個数であり，Y_i は i 番目の観測値の年最高記録，X_i は i 番目の観測値の「年 − 1975」を表します．この回帰モデルは，Y_i の変動を X_i によって説明するモデルです．そのため，X を**説明変数**，Y を**被説明変数**とよ

びます*2).また,ε_i は,被説明変数と直線 (10.1) の乖離(かいり)を表す誤差項です.

10.2.2 誤差項の仮定

回帰分析では,被説明変数は確率的に変動しますが,説明変数は所与であり確定的であると考えます.(10.1) より,誤差項は

$$\varepsilon_i \equiv Y_i - (\alpha + \beta X_i)$$

と表現できます.誤差項は未知なパラメータを含むため,観測することはできません.そのため,誤差項の確率分布に関して次の仮定をおきます:

---- 誤差項に関する仮定 ----
誤差項は,平均がゼロ,分散が一定値 σ^2 の同一正規分布に互いに独立に従う.

この仮定から,Y_i の期待値は

$$\mathrm{E}[Y_i] = \alpha + \beta X_i$$

となり,説明変数 X_i に依存して変化します.また,Y_i の分散は

$$\mathrm{Var}(Y_i) = \sigma^2$$

となり,X_i によらず一定です.誤差項 ε_i が正規分布に従うため,Y_i も以下の正規分布に従います:

$$Y_i \sim N(\alpha + \beta X_i, \sigma^2)$$

10.2.3 最小 2 乗法

データに最もフィットする傾き β と切片 α を求めるために,誤差 2 乗和

$$\sum_{i=1}^{n} \varepsilon_i^2 = \sum_{i=1}^{n} (Y_i - (\alpha + \beta X_i))^2$$

---

*2) X を「独立変数」,Y を「従属変数」とよぶ場合もあります.

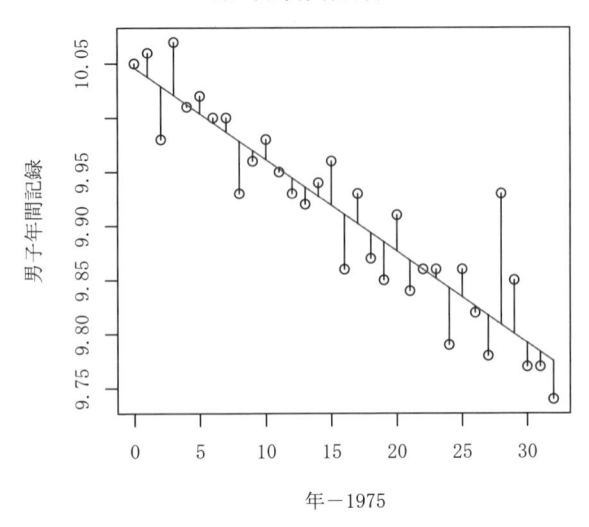

図 10.2 男子 100m 走の年間最高記録の推移

を最小にするように，α と β を決めます．このようにして決められたパラメータの値を**最小 2 乗推定値**とよび，a, b と記すことにします．図 10.2 はこのようにして推定された a と b を y 切片と傾きとする**回帰直線**を表します．

R 実習

まず，100m.csv を

http://web.sfc.keio.ac.jp/~kogure/asakura/data-analysis.html

からダウンロードし，R の作業ディレクトリーに保存して下さい．

```
# 図10.1 の作成
> track<-read.csv("100m.csv", header=T)
> track    # track の表示
> attach(track) # データセットとして，track を使うという宣言
> plot(year, men, type="o", xlab="年", ylab="男子年間記録")
```

つづいて，回帰モデルの推定を行います．

```
> x<-year-1975
```

```
> kaiki.men<-lm(men~x)
> summary(result.men)
```

- 「year−1975」は，年の各値から 1975 を引いたものです．
- 「lm(men~x)」は，men $= \alpha + \beta \cdot$ x という線形モデルを推定する R コマンドです．
- 「summary(kaiki.men)」は推定結果の要約を表示します．

summary(kaiki.men) の結果

```
Call:
lm(formula = men ~ x)

Residuals:
      Min        1Q    Median        3Q       Max
-0.055816 -0.025565 -0.001562  0.019626  0.117183

Coefficients:
              Estimate Std. Error t value Pr(>|t|)
(Intercept) 10.0438068  0.0126939  791.23  < 2e-16 ***
x           -0.0082496  0.0007036  -11.72 9.94e-13 ***
---
Signif. codes:  0 '***' 0.001 '**' 0.01 '*' 0.05 '.' 0.1 ' ' 1

Residual standard error: 0.03675 on 30 degrees of freedom
Multiple R-Squared: 0.8209,     Adjusted R-squared: 0.8149
F-statistic: 137.5 on 1 and 30 DF,  p-value: 9.935e-13
```

- 「Residuals」は次節で説明する残差のことです．
- 「Coefficients」は回帰係数を表します．

- 「Intercept」は y 切片を表します．
- 「Estimate」は推定値，「Std. Error」は標準誤差，「t value」は t 値，「Pr(> |t|)」は（両側検定に対する）p 値を表します．
- 「Signif. codes」は各有意水準で棄却できるか否かを表すコードです．
- 「Residual standard error」は 10.3 節で説明する残差標準誤差を表します．
- 「Multiple R-Squared」は R2 乗，「Adjusted R-squared」は修正済み R2 乗を表します．これらも 10.3 節で説明します．
- 「F-statistic」は F 統計量，「p-value」は F 統計量の p 値を表します．

さらに，回帰直線を表示します．

```
# 図 10.2 の作成
> fitted(kaiki.men)
> # 回帰予測値 (fitted values) を計算する
> plot(x, men, type="p", xlab="年-1975", ylab="男子年間記録")
> lines(x, fitted(lm.men), col="blue")
> # lines は，グラフに線を追加するコマンド．
> segments(x, fitted(lm.men), x, men)
> # segments は，グラフに線分 (segments) を追加するコマンド
```

10.3 回帰計算

前の節で行った回帰モデルの計算とその結果について説明します．

10.3.1 回帰係数

最小 2 乗法によって推定された回帰直線の傾き b の推定値は

$$b = r_{XY} \times \frac{S_Y}{S_x}$$
$$= (-0.91) \times \frac{0.083}{9.09} = -0.0082$$

と与えられます．ここで，S_Y は Y の標準偏差，S_X は X の標準偏差，r_{XY} は $\{X_i\}$ と $\{Y_i\}$ の相関係数です．また，y 切片 a は

$$a = \bar{Y} - b\bar{x}$$
$$= 9.92 - 0.0082 \times 15.5 = 10.04$$

となります．ここで，$\bar{X}, \bar{Y}$ は $\{X_i\}, \{Y_i\}$ の標本平均です．この章の付録 2 でこれらの結果を導出しています．

10.3.2 残差と回帰予測値

説明変数の各 X_i の水準において回帰直線によって予測される被説明変数の値は

$$\widehat{Y}_1 = a + bX_1, \quad \widehat{Y}_2 = a + bX_2, \quad \cdots, \quad \widehat{Y}_n = a + bX_n$$

です．これを**回帰予測値**とよびます．また，被説明変数と回帰予測値との差

$$e_1 \equiv Y_1 - \widehat{Y}_1, \quad e_2 \equiv Y_2 - \widehat{Y}_2, \quad \cdots, \quad e_n \equiv Y_n - \widehat{Y}_n$$

を**残差**といいます．付録 1 で示すように，残差は以下の性質をもちます．

性質 1．残差の標本平均はゼロ：

$$\bar{e} \equiv \frac{1}{n} \sum_{i=1}^{n} e_i = 0$$

性質 2．残差と説明変数の標本相関はゼロ：

$$S_{eX} \equiv \frac{1}{n} \sum_{i=1}^{n} (e_i - \bar{e})(X_i - \bar{X}) = 0$$

これらの性質から，回帰予測値について以下の結果が成り立ちます：
- 結果 1．回帰予測値の標本平均は被説明変数の標本平均に等しい．
- 結果 2．回帰予測値と残差の標本相関はゼロとなる．
- 結果 3．回帰方程式 $y = a + bx$ は必ず点 $(\bar{X}, \bar{Y})$ を通る．

10.3.3 R 2 乗

被説明変数 Y_i は，回帰予測値と残差の和ですから

$$Y_i - \bar{Y} = \hat{Y}_i - \bar{Y} + e_i$$

と表されます.回帰予測値に関する結果2に注意すると,両辺の2乗和をとることにより

$$\sum_{i=1}^{n}(Y_i - \bar{Y})^2 = \sum_{i=1}^{n}(\hat{Y}_i - \bar{Y}) + \sum_{i=1}^{n} e_i^2$$

が成立します.この式の左辺は被説明変数の変動を表します.これを**総変動**(TSS) とよびます.また,右辺の第1項は回帰予測値の変動,第2項は残差の変動を表します.これらは**回帰2乗和** (ESS),**残差2乗和** (RSS) とよばれます.残差2乗和が,総変動に比べて小さいほど,回帰モデルはデータをよく説明しているといえます.そこで以下の **R2乗**[*3)] を回帰モデルの説明力の指標として用います:

$$R^2 = 1 - \frac{\text{RSS}}{\text{TSS}} = 1 - \frac{0.04051}{0.2262} \fallingdotseq 0.82$$

その定義から,R2乗は必ず0と1の間の値をとります.R2乗の値が0ならば回帰モデルの説明力はゼロ,1ならば完全に説明されていることになります.

10.3.4 残差標準誤差

回帰モデルを適用しない場合は,被説明変数の変動は Y_i の標本分散 S_Y^2 によって表されますが,回帰モデルを適用した場合,被説明変数の変動は,残差 e_i の標本分散

$$\frac{1}{n}\sum_{i=1}^{n} e_i^2$$

によって表されます.残差標本分散は誤差分散 σ^2 を過少に推定するため,それを調整した

$$S_e^2 = \frac{\sum_{i=1}^{n} e_i^2}{n-2} = \frac{0.04051}{30} = (0.03675)^2$$

がよく用いられます.S_e^2 の正の平方根である 0.03675 を**残差標準誤差**といいます.

[*3)] R2乗は決定係数ともよばれます.

10.4 回帰モデルの理論

10.4.1 回帰係数の統計的性質

回帰直線の傾き b は，平均が β で分散が $\sigma^2/(nS_X^2)$ の以下の正規分布に従います：

$$b \sim N\left(\beta, \frac{\sigma^2}{nS_X^2}\right)$$

したがって，b によって偏りなく β を推定できます．また，標本の大きさ n と説明変数の分散 S_X^2 が大きいほど b の分散が小さくなり，推定精度が高くなります．

b の標準偏差の推定量は

$$S_b \equiv S_e \sqrt{\frac{1}{nS_X^2}} = 0.0007036$$

で与えられます．これを b の標準誤差とよびます．

S_b を用いると，β の2シグマ信頼区間は

$$b \pm 2 \times S_b = -0.0082496 \pm 2 \times 0.0007036$$
$$= [-0.009628656, -0.006870544]$$

となります．b が正規分布に従うため，β はこの区間の中に約 95% の確率で含まれます．

a も同様に平均が α の正規分布に従います．10.3 節の R の出力結果から a の標準偏差は $S_a = 0.0125165$ と計算されます．したがって，α の2シグマ区間は

$$a \pm 2 \times S_a = 10.0460071 \pm 2 \times 0.0125165$$
$$= [-0.009628656, -0.006870544]$$

となります．

10.4.2 t 値と p 値

推定値 b とその標準誤差 S_b の比

$$t\,\text{値} = \frac{b}{S_b} = -12.59$$

を t 値とよびます．t 値の絶対値が 2 以上であれば，説明変数は被説明変数に有意な影響を与えていると判断されます．これは，帰無仮説

$$H : \beta = 0$$

に対して，両側仮説

$$H : \beta \neq 0$$

を対立させる検定に対応しています．帰無仮説の下で，t 値は標準正規分布に近似的に従います．Z を標準正規分布に従う確率変数とするとき，p 値は

$$p\,\text{値} = \Pr(|Z| \geq t\,\text{値の絶対値}) = \Pr(|Z| \geq 12.59) = 1.01 \times 10^{-13}$$

と計算されます．t 値の絶対値が大きいほど p 値は小さくなり，帰無仮説は疑わしいことになります．特に，t 値の絶対値が 2 であれば p 値は約 5% となります．これが，説明変数が有意に効いているか否かを判断する「t 値の絶対値が 2 以上」という基準の理由です．

この 100m 走の最高記録のケースでは，t 値の絶対値は 2 よりはるかに大きく，100m 走の最高記録は毎年更新していると判断できます．

10.5　回帰モデルによる予測

a と b が正規分布に従うため，回帰予測値も正規分布に従います．これを利用して回帰予測値の信頼区間や将来の最高記録を予測することができます．たとえば，2015 年の最高記録の予測値は

$$\text{予測値} = a + b(2015 - 1975) = 9.78$$

と予測されます．パラメータ推定の場合は，回帰係数という未知の定数がターゲットとなりますが，将来予測では 2015 年の最高記録という未実現の確率変

10.5 回帰モデルによる予測

数がターゲットとなります.このため,パラメータ推定より将来予測の誤差のほうが大きくなります.

R 実習

まず,回帰予測値の信頼区間を作成しましょう.

```
> pc<-predict(kaiki.men, interval="c", level=0.95)
> pc  # pc の表示
  # 第 1 列が下限,2 列が回帰予測値,3 列が上限
> plot(x, men, type="p")
> matlines(x, pc, lty=c(1,2,2))
```

- 「predict(kaiki.men, interval="c", level=0.95)」は,回帰予測値の信頼区間を計算(level = 0.95 は信頼水準のオプション)します.
- 「matlines」は,ある列(この場合 x)に対して別の行列(この場合 pc)の各列をプロットするコマンドです.lty=c(1,2,2) は 3 本の線のタイプを 1 = 普通タイプ,2 = 点線タイプに指定しています.

つづいて,将来の予測とその信頼区間を作成しましょう.

```
> new<-data.frame(x=33:37)
  # 予測期間を 5 年先までとし,new とする..
> pp<-predict(kaiki.men,interval="p", new, level=0.75)
  # interval="p" は予測区間のオプション
  # level=0.75 は,75%の予測区間を与える
> pp
  # fit の列が予測値
> plot(x, men, xlim=c(0, 37), ylim=range(pc, pp))
> matlines(x, pc, lty=c(1,2,2))
> matlines(new$x, pp, lty=c(1,2,2))
```

10.6　誤差項の仮定

以上の統計的推測は 10.2 節で述べた「誤差項は，平均がゼロ，分散が一定値 σ^2 の同一正規分布に互いに独立に従う」という仮定の下に成立します．この仮定は，以下の 4 つの条件に分けられます：

1) 誤差項の平均はゼロ

　被説明変数と説明変数の関係が直線ではなく，たとえば

$$Y_i = \alpha + \beta\sqrt{X_i} + \varepsilon_i$$

であれば，誤差項の平均がゼロの仮定は成立しません．言い換えれば，誤差項の平均がゼロとは，被説明変数と説明変数の関係が正しくモデル化されていることを意味します．

2) 誤差項の分散は一定

　誤差分散が不均一であっても，a や b の推定自体に偏りは生じません．ただし，誤差の標準誤差が誤って評価されるため，信頼区間や検定が信頼できないものとなってしまいます．

3) 誤差項は互いに独立

　誤差項に相関がある場合，誤差の標準誤差が誤って評価されます．その結果，信頼区間や検定が信頼できないものとなってしまいます．

4) 誤差項は正規分布に従う

　n が大きい場合には，「中心極限定理」効果が働き，正規性の仮定が満たされなくとも α と β の推測に大きな問題は生じません．

　残差のプロットに目につくような傾向がみられなければ，これらの仮定は成立していると考えてもいいでしょう．図 10.3 の左側のグラフは，説明変数に対する基準化残差（残差をその標準偏差で除したもの）です．基準化残差は仮定が正しければ（近似的に）標準正規分布に従い，その結果ほとんどの残差は ± 2 の範囲に収まるはずです．この範囲に収まらない観測値を外れ値といいます．グラフから 2003 年の残差が飛びぬけて大きいことがわかります．2003 年の記録は他の年の記録とは区別すべき外れ値とも考えられますが，このような外れ

図 10.3 残差のプロット

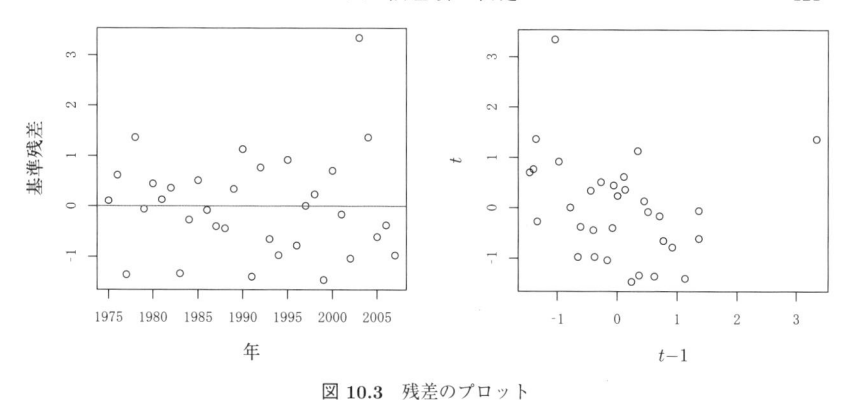

値か否かの検討については次の章で扱います.

時系列データの場合は,各残差とその1時点前の残差の関係をみることによって,3) をチェックできます.図 10.3 の右側のグラフは,1時点前の残差に対する残差プロットです.それほどはっきりした傾向はみられません.

図 10.4 のような残差のヒストグラムを作成したり標本歪度や標本尖度を計算することによって 4) をチェックできます.

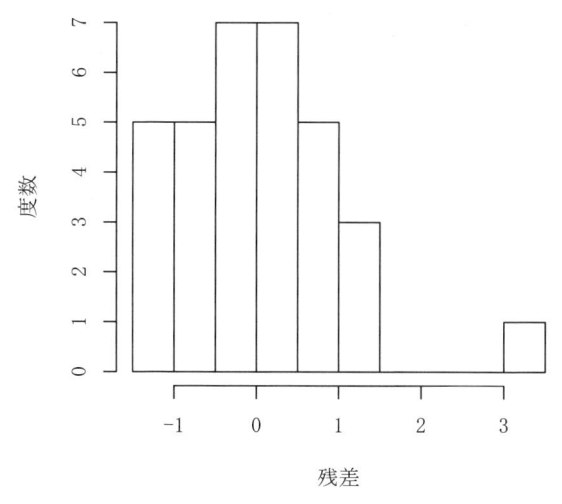

図 10.4 残差のヒストグラム

R 実習

残差を検討しましょう

```
> zansa<-resid(kaiki.men)
# 残差 (residuals) を計算し，zansa という名前で保存
> zansa.sd<-zansa/sd(zansa)   # 基準化残差を計算
# 図 10.3 の作成
> par(mfrow=c(1,2))
> plot(year, zansa.sd, xlab="年", ylab="基準残差")
> abline(h=0, col="red")  # 残差の分散は均一か？
> plot(zansa.sd[1:32], zansa.sd[2:33], xlab="t-1", ylab="t")
# zansa.sd[2:33] に対して zansa.sd[1:32] は 1 期前の残差．
> cor(zansa.sd[1:32], zansa.sd[2:33])  # 残差の自己相関
# 図 10.4 の作成
> par(mfrow=c(1,1))
> hist(zansa.sd, breaks="FD")    # 残差のヒストグラム
> mean(zansa.sd^3)  # 残差の標本歪度
> mean(zansa.sd^4)  # 残差の標本尖度
# 正規分布か否か
```

付　録

1. 残差の性質

誤差 2 乗和

$$f(\alpha, \beta) \equiv \sum_{i=1}^{n}(Y_i - (\alpha + \beta X_i))^2$$

を α，β に関して最小化する必要条件は，各パラメータに関する誤差 2 乗和の偏微分がゼロとなることである．α に関する f の偏微分は

$$\frac{\partial f}{\partial \alpha} = 2\sum_{i=1}^{n}(Y_i - (\alpha + \beta X_i))$$

となるから，

$$\sum_{i=1}^{n}(Y_i - (a + bX_i)) = \sum_{i=1}^{n} e_i = 0$$

を得る．両辺を n で割ると，性質 1 が求められる．

同様にして，$\partial f / \partial \beta = 0$ より

$$\sum_{i=1}^{n}(Y_i - (a + bX_i))X_i = \sum_{i=1}^{n} e_i X_i$$

を得る．ここで $\bar{e} = 0$ より

$$\sum_{i=1}^{n} e_i X_i = \sum_{i=1}^{n} (e_i - \bar{e})X_i = \sum_{i=1}^{n} (e_i - \bar{e})(X_i - \bar{X})$$

両辺を n で割ると，$S_{eX} = 0$ が求められる．

2. 最小 2 乗推定値の導出

残差は

$$e_i = Y_i - (Y_i - (a + bX_i))$$
$$= Y_i - \bar{Y} - b(X_i - \bar{X})$$

と変形できるから

$$0 = S_{eX} = \frac{1}{n}\sum_{i=1}^{n}\left(Y_i - \bar{Y} - b(X_i - \bar{X})\right)(X_i - \bar{X})$$
$$= S_{XY} - bS_{XX}$$

ここで，$S_{YX} = r_{XY}S_X S_Y$, $S_{XX} = S_X^2$ より

$$b = \frac{S_{XY}}{S_{XX}} = r_{XY}\frac{S_Y}{S_X}$$

11 重回帰分析

11.1 ワンルームマンションの価格データ

表 11.1 は JR 目黒駅周辺のワンルームマンションの価格とそれに影響を与えると思われる面積，築年数，目黒駅からの距離という3つの要因からなるデータ

表 11.1 ワンルームマンションのデータ

物件 i	価格（万円）price	面積（平方メートル）area	築年数 year	距離（100 メートル）distance
1	840	21.24	30	10
2	1480	38.07	30	12
3	1490	38.06	30	12
4	1680	39.27	29	6
5	1780	44.12	31	8
6	2180	45.66	26	13
7	2280	44.52	17	8
8	2380	52.29	23	10
9	2680	45.1	24	12
10	2880	59.33	27	8
11	2980	66.96	30	8
12	3080	66.96	30	8
13	3280	71.43	19	13
14	3800	69.31	29	8
15	3980	80.11	19	13
16	4500	82.49	31	1
17	4690	63.28	6	10
18	6480	75.15	2	26
19	6180	94.42	15	14
20	6180	115.65	1	17
21	7500	110.7	22	5

です[*1]．ワンルームマンションの価格をこれら3つの要因で説明する回帰モデルを推定し，それに基づいてマンション価格の評価を行うことを考えましょう．

11.2　データの整理

回帰モデルを推定する前に，まず各変数の基本統計量を計算しておきましょう．Rによる基本統計量の出力は以下のとおりです．

```
     price           area            year          distance
 Min.   : 840   Min.   : 21.24   Min.   : 1.00   Min.   : 1.00
 1st Qu.:2180   1st Qu.: 44.52   1st Qu.:19.00   1st Qu.: 8.00
 Median :2980   Median : 63.28   Median :26.00   Median :10.00
 Mean   :3444   Mean   : 63.05   Mean   :22.43   Mean   :10.57
 3rd Qu.:4500   3rd Qu.: 75.15   3rd Qu.:30.00   3rd Qu.:13.00
 Max.   :7500   Max.   :115.65   Max.   :31.00   Max.   :26.00
```

中央値 (Median) あるいは平均 (Mean) をみることによって，目黒駅周辺の平均的なワンルームマンションの姿が浮かび上がってくるでしょう．

つづいて，変数間の関係を探りましょう．図11.1は，変数の各組ごとの散布図からなる行列です．この散布図表列の対角要素は，各変数のヒストグラムです．また，第1行は，価格を y 軸，他の各変数を x 軸とする散布図が表示されています．

R 演習

まず，condo.csv を

http://web.sfc.keio.ac.jp/~kogure/asakura/data-analysis.html

からダウンロードし，Rの作業ディレクトリに保存して下さい．また，本書の付録「R事始め」A.8を参照して，carというパッケージをインストールして下さい．

[*1] データは，片岡　隆『不動産ファイナンス入門』，中央経済社 (2000) 44 ページから採取しました．

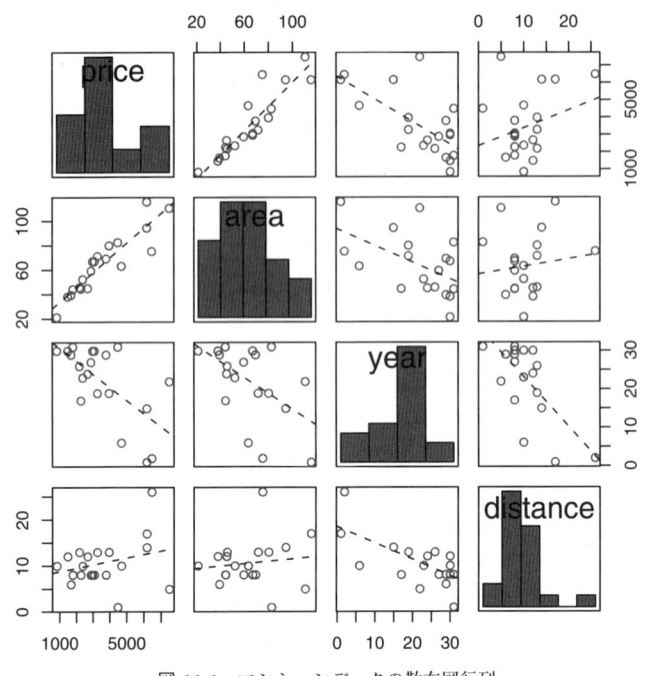

図 11.1 マンションデータの散布図行列

```
# データの読み込み
> condo<-read.csv("condo.csv", header=T, skip=1)
# 基本統計量の計算
> summary(condo)
# 図 11.1 の作成
# パッケージ car をインストールする必要がある
> library(car)
> scatterplot.matrix(condo, diagonal="hist", smooth=F)
# 相関行列の計算
> cor(condo)
```

表 11.2 単回帰モデルの推定結果

		y 切片	傾き
説明変数：広さ	推定値	-963.145	69.892
$R^2 = 0.8441$	t 値	-2.072	10.141
説明変数：築年数	推定値	6380.65	-130.94
$R^2 = 0.8441$	t 値	7.872	-3.922
説明変数：距離	推定値	2350	103.5
$R^2 = 0.07694$	t 値	2.446	1.258

11.3　回　帰　分　析

11.3.1　単回帰分析

表 11.2 は，各変数が単独でいかに価格を説明するかを表す単回帰分析の結果です．広さと築年数は価格に強い影響を与えていますが，目黒駅からの距離の影響は弱いようです[*2]．

11.3.2　重回帰モデル

重回帰モデルでは，マンション価格を予測し説明するために広さ，築年数，距離の3つの説明変数を同時に用いて

$$\text{マンション価格} = \beta_0 + \beta_1 \times \text{広さ} + \beta_2 \times \text{築年数} + \beta_3 \times \text{距離} + \text{誤差項}$$

というモデルを立てます．ここで，β_0, β_1, β_2, β_3 は推定すべきパラメータです．

―――――― 重回帰モデル ――――――

i 番目のマンションの（広さ，築年数，距離，価格）の観測値を $(X_{i1}, X_{i2}, X_{i3}, Y_i)$ によって表示する．このとき，Y_i が

$$Y_i = \beta_0 + \beta_1 X_{i1} + \beta_2 X_{i2} + \beta_3 X_{i3} + \varepsilon_i \quad (i = 1, 2, \cdots, n)$$

と表されると仮定しよう．ここで，単回帰モデルの場合と同じく，誤差項

[*2] この地域には目黒駅以外にも私鉄や地下鉄の駅が複数存在します．「目黒駅からの距離」ではなく「最寄駅からの距離」を用いれば，より強い影響が観測されたかもしれません．

ε_i は平均がゼロ，分散が一定値 σ^2 の同一の正規分布に互いに独立に従うと仮定する．このように説明変数が複数ある回帰モデルを**重回帰モデル**とよぶ．

回帰分析では，被説明変数は確率的に変動しますが，説明変数は所与であり確定的であると考えます．したがって，誤差項に関する仮定から，マンション価格の確率分布は平均が

$$E[Y_i] = \beta_0 + \beta_1 X_{1i} + \beta_2 X_{2i} + \beta_3 X_{3i}$$

分散が

$$\mathrm{Var}(Y_i) = \sigma^2$$

の正規分布

$$Y_i \sim N(\beta_0 + \beta_1 X_{1i} + \beta_2 X_{2i} + \beta_3 X_{3i}, \sigma^2)$$

に従います．

11.3.3 推　　定

データに最もフィットするように，誤差2乗和

$$\sum_{i=1}^n \varepsilon_i^2 = \sum_{i=1}^n (Y_i - (\beta_0 + \beta_1 x_{i1} + \beta_3 x_{i2} + \beta_3 x_{i3}))^2$$

を最小にするように β_0, β_1, β_2, β_3 の値を決めましょう．このようにして決められたパラメータの値を**最小2乗推定値**とよび，b_0, b_1, b_2, b_3 と記すことにします．この章の付録1で示すように，b_1, b_2, b_3 は連立方程式

$$\begin{cases} S_{Y1} = b_1 S_{11} + b_2 S_{12} + b_3 S_{13} \\ S_{Y2} = b_1 S_{21} + b_2 S_{22} + b_3 S_{23} \\ S_{Y3} = b_1 S_{31} + b_2 S_{32} + b_3 S_{33} \end{cases}$$

の解として与えられます．ここで，S_{Yj} は被説明変数と j 番目の説明変数の標本共分散

$$S_{Yj} = \frac{1}{n} \sum_{i=1}^n (Y_i - \bar{Y})(X_{ji} - \bar{X}_j) \quad (j = 1, 2, 3)$$

を表します.また，S_{jk} は j 番目の説明変数と k 番目の説明変数の標本共分散

$$S_{jk} = \frac{1}{n} \sum_{i=1}^{n} (X_{ji} - \bar{X}_j)(X_{ki} - \bar{X}_k), \quad j, k = 1, 2, 3$$

を表します.したがって，$S_{jk} = S_{kj}$ であり，S_{jj} は j 番目の説明変数の標本分散となります.また，b_0 は

$$\bar{Y} = b_0 + b_1 \bar{X}_1 + b_2 \bar{X}_2 + b_3 \bar{X}_3$$

によって与えられます.

R による推定結果を図 11.2 に掲げます.各出力結果の意味は 10 章で説明した単回帰の場合と同様です.

出力結果の基本的な部分は以下の式のように簡潔にまとめられます:

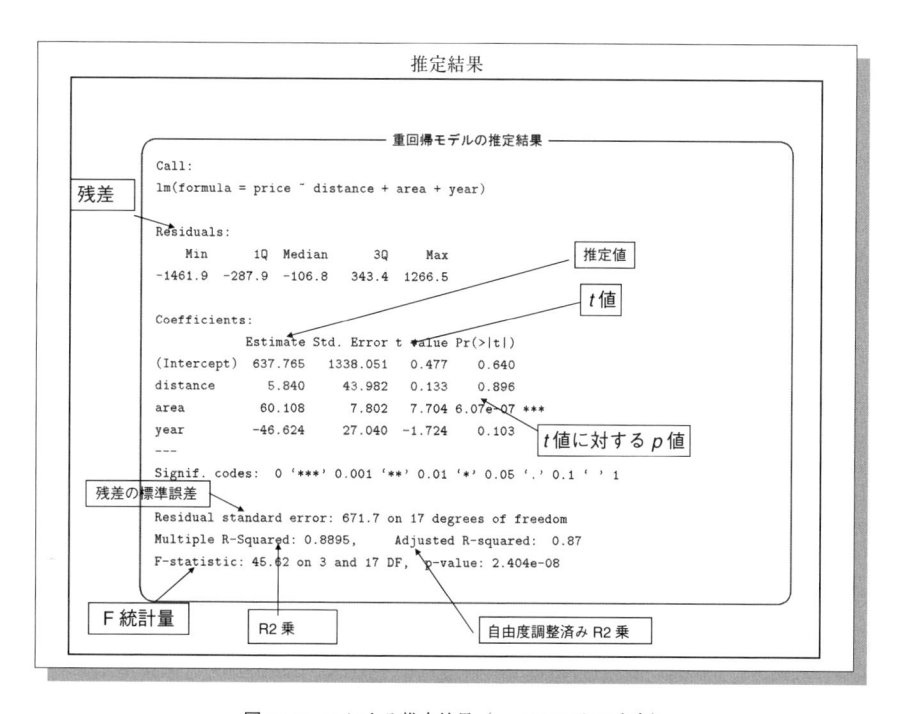

```
推定結果
━━━━━━━━━━ 重回帰モデルの推定結果 ━━━━━━━━━━
Call:
lm(formula = price ~ distance + area + year)

Residuals:
    Min      1Q   Median      3Q     Max
-1461.9  -287.9  -106.8   343.4  1266.5

Coefficients:
             Estimate Std. Error t value Pr(>|t|)
(Intercept)   637.765   1338.051   0.477    0.640
distance        5.840     43.982   0.133    0.896
area           60.108      7.802   7.704  6.07e-07 ***
year          -46.624     27.040  -1.724    0.103
---
Signif. codes:  0 '***' 0.001 '**' 0.01 '*' 0.05 '.' 0.1 ' ' 1

Residual standard error: 671.7 on 17 degrees of freedom
Multiple R-Squared: 0.8895,     Adjusted R-squared:  0.87
F-statistic: 45.62 on 3 and 17 DF,  p-value: 2.404e-08
```

(残差, 推定値, t 値, t 値に対する p 値, 残差の標準誤差, F 統計量, R2 乗, 自由度調整済み R2 乗)

図 11.2 R による推定結果 (lm コマンドの出力)

価格 = 637.765 + 60.108 × 広さ − 46.624 × 築年数 + 5.840 × 距離
　　　　(0.477)　　(7.704)　　　　(−1.724)　　　　　(0.133)

$R2$ 乗 = 0.8895

ここで，括弧の中の数字は t 値を表します．

11.3.4　偏回帰係数

表 11.3 は，重回帰モデルの回帰係数を単回帰の場合と比較したものです．この表からわかるように，単回帰と重回帰では同じ説明変数であってもその回帰係数の値が異なります．その違いはどこにあるのでしょうか．

一般に回帰係数は，説明変数が変化したときの被説明変数の反応度を表します．いま「広さ」が変化したとしましょう．このとき，「広さ」と相関をもつ「面積」や「距離」も変化します．単回帰モデルの「広さ」の回帰係数は，「広さ」だけでなく「面積」や「距離」の変化の影響も含んだ値です．一方，重回帰モデルの「広さ」の回帰係数は，「面積」と「距離」の2つの説明変数の影響を除去した後に「広さ」が被説明変数に与える反応度を表します．その意味で，重回帰モデルの回帰係数を**偏回帰係数**とよびます．

このように，重回帰と単回帰では回帰係数の意味は異なります．しかし，重回帰モデルの各説明変数が効いているかどうかは，単回帰の場合と同様に t 値が絶対値で2以下かどうかで判断します．

R 演習

```
> attach(condo) # condoを解析対象のデータとする
# 重回帰モデルの推定
> condo.kaiki<-lm(price~distance+area+year)
# （線形の）重回帰モデルを推定するコマンド．
```

表 11.3　回帰係数の比較

単回帰 vs 重回帰

	単回帰	重回帰
広さ	69.892	60.108
築年数	−130.94	−46.624
距離	103.5	5.84

```
# ~(ティルド)の左に被説明変数,右に説明変数を書く.
# 説明変数が複数ある場合は+をはさむ.
> summary(condo.kaiki)
```

11.4　重回帰分析の推測

11.4.1　回帰予測値と残差

3つの説明変数の値 (X_{i1}, X_{i2}, X_{i3}) における被説明変数の回帰予測値は

$$\widehat{Y}_i = b_0 + b_1 X_{i1} + b_2 X_{i2} + b_3 X_{i3} \quad (i = 1, 2, \cdots, n)$$

と与えられます.

この回帰予測値 $\widehat{Y}_i$ と観測値 Y_i との差

$$e_i \equiv y_i - \widehat{y}_i \quad (i = 1, 2, \cdots, n)$$

を残差とよびます.残差を分析することによって,(観測できない)誤差に関する情報を探ることができます.単回帰モデルの場合と同様に,残差は以下の性質をもちます:

性質1.　残差の標本平均はゼロ:

$$\bar{e} \equiv \frac{1}{n} \sum_{i=1}^{n} e_i = 0$$

性質2.　残差と説明変数の標本相関はゼロ:$S_{e_i} \equiv \frac{1}{n} \sum_{i=1}^{n} e_i x_{i_1}$ $(i = 1, 2, 3)$
とすると

$$S_{e_1} = S_{e_2} = S_{e_3} = 0$$

これらの結果から,回帰予測値について以下の結果が成り立ちます:

結果1.　回帰予測値の標本平均は被説明変数の標本平均に等しい
結果2.　回帰予測値と残差の標本相関はゼロとなる
結果3.　回帰方程式は必ず点 $(\bar{X}_1, \bar{X}_2, \bar{X}_3, \bar{Y})$ を通る

11.4.2 2乗和とR2乗

単回帰の場合と同様に,

$$\text{TSS} = \text{ESS} + \text{RSS}$$

が成立します.ここで,TSS は被説明変数の変動を表す総 2 乗和

$$\text{TSS} = \sum_{i=1}^{n}(Y_i - \bar{Y})^2 = 69,419,495$$

ESS は回帰予測値の変動を表す回帰 2 乗和

$$\text{ESS} = \sum_{i=1}^{n}(\hat{Y}_i - \bar{Y}) = 61,750,032$$

RSS は残差の変動を表す残差 2 乗和

$$\text{RSS} = \sum_{i=1}^{n}e_i^2 = 7,669,463$$

です.

総 2 乗和のうち回帰で説明できた比率:

$$\text{R2 乗} \equiv R^2 = \frac{\text{ESS}}{\text{TSS}} = 1 - \frac{\text{RSS}}{\text{TSS}} = 0.8895$$

を R2 乗あるいは決定係数とよびます.単回帰の場合と同様に,R2 乗は次の性質をもちます:

- R2 乗は,被説明変数と回帰予測値の相関係数の 2 乗であり,必ず 0 と 1 の間の値をとる.
- R2 乗が 0 ならば回帰モデルの説明力はゼロ,1 ならば完全に説明される.

11.4.3 自由度調整済み R2 乗

一般に説明変数の個数を大きくすれば説明力は高まり R2 乗は大きくなります.極端な話をすれば,観測値の個数と同じ個数の回帰係数をもつ重回帰モデルを使えば,R2 乗を 1 にすることができます.言い換えれば,R2 乗の値だけで,回帰モデルの説明力をみることは危険です.そのため,データの大きさ n と説明変数の個数 K に応じた**自由度**によって調整する必要があります.

11.4 重回帰分析の推測

表 11.4 自由度

2 乗和	自由度
TSS	$n-1=20$
RSS	$n-K=17$
ESS	$K-1=3$

ここで, $K =$ 回帰係数の個数$=4$

　自由度は,各2乗和に対応した値であり,観測値の個数から2乗和を構成する要素に関する制約の個数を引いた値です.たとえば,TSS の各要素は,$Y_1-\bar{Y}, Y_2-\bar{Y},\ldots,Y_n-\bar{Y}$ です.これらの間には,足してゼロになるという制約があるため,TSS の自由度は $n-1$ となります.RSS の場合は,その要素である残差について 11.3 節でみたような 4 つの制約式が成立するため,自由度は $n-4$ となります.ESS の各要素である回帰予測値はすべて回帰(超)平面 $b_0+b_1x_1+b_2x_2+b_3x_3$ の上にありますから,その自由度は 3 となります.したがって各 2 乗和の自由度は表 11.4 のようにまとめられます.

　この自由度によって R2 乗を修正した**自由度調整済み R2 乗**は

$$\text{R2 乗} \equiv \bar{R}^2 = \frac{\text{ESS}}{\text{TSS}} = 1 - \frac{\text{RSS}/n-K}{\text{TSS}/n-1} = 0.87$$

と定義されます.n に比べて K が大きいほど,自由度調整済み R2 乗は通常の R2 乗より小さくなります.

11.4.4　R2 乗と F 統計量

　R2 乗(あるいは自由度調整済み R2 乗)がどれくらい大きければ回帰モデルは説明力をもつといえるでしょうか.仮説検定の議論を用いて考えてみましょう.
　「説明力がない」という仮説は

$$\beta_1 = \beta_2 = \beta_3 = 0$$

によって表されます.したがって,これを帰無仮説として仮説検定を行えばよいでしょう.この仮説を検定するために,R2 乗を **F 統計量**:

$$\text{F 統計量} = \frac{R^2}{1-R^2}\frac{n-K}{n-1} = \frac{\text{ESS}/(K-1)}{\text{RSS}/(n-K)} = 45.62$$

に変換します.F統計量は,帰無仮説の下でF分布とよばれる確率分布[*3]に従うことが知られています.この例では,図11.2のRの出力結果にあるように,F統計量のp値はきわめて小さくなります.したがって,帰無仮説は棄却され,回帰モデルを推定することは十分な意義があると判断されます.

11.5 外 れ 値

11.5.1 重回帰分析の仮定

以上の統計的推測は

重回帰分析の仮定

1) 誤差項に関する仮定
   誤差項は互いに独立に平均がゼロ,分散が一定値 σ^2 の正規分布に互いに独立に従う.
2) 誤差項と説明変数に関する仮定
   各説明変数と誤差項の相関はゼロである.

の下に成立します.1)は10章で単回帰のモデルのときに述べた仮定とまったく同じです.2)は被説明変数の変動が回帰モデルの変動と誤差項の変動に分けられることを保証する条件です.これは,説明変数が時間のような確定的な変数の場合には自動的に満たされます.しかし,この例のように説明変数自体が確率的[*4]と考えられる場合には,考慮しなければいけない条件です.

11.5.2 外 れ 値

単回帰の場合と同様に,残差のプロットに顕著な傾向がみられなければ,これらの仮定は成立していると考えてもいいでしょう.ここでは,回帰予測値に対して残差のプロットを行いましょう.図11.3は基準化残差(残差をその標準偏差で除したもの)のプロットです.基準化残差は仮定が正しければ(近似的

[*3] このF分布の確率分布は自由度 $K-1$, $n-K$ という2つのパラメータに依存して決まります.F分布の詳細についてはこの章の付録2を参照して下さい.
[*4] このような場合,説明変数を共変量とよぶことがあります.

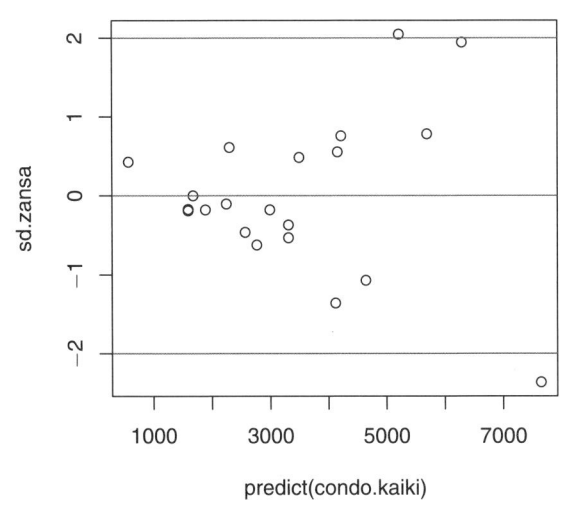

図 11.3 基準化残差のプロット

に）標準正規分布に従い，ほとんどの残差は ±2 の範囲に収まるはずです．この範囲に収まらない観測値を外れ値とよびます．図 11.3 の右下の点は −2 より下に外れています．これは 20 番目の観測値の基準化残差です．

11.5.3 ダミー変数

外れ値を除去することにより，回帰分析の結果が大きく向上することがあります．外れ値を除去すべきか否かは，ダミー変数により統計的に判断できます．ここで，ダミー変数とは，20 番目の観測値が他の観測値と異なることを表す 0–1 変数であり

$$d20_i = \begin{cases} 1, & i = 20 \text{ のとき} \\ 0, & i \neq 20 \text{ のとき} \end{cases}$$

と定義されます．これを含んだ回帰モデルの結果は以下のようになります：

価格 = 687.373 + 66.566 × 広さ − 63.764 × 築年数
　　　(0.665)　　(10.572)　　　　　(−2.974)

　　　+9.360 × 距離 − 2301.054 × d20
　　　(0.275)　　　　　(−3.536)

R2 乗 = 0.8895

d20 の t 値は絶対値で 2 より大きく有意です．したがって，20 番目の観測値は外れ値と判断されます．

R 実習

まず残差プロットを描きましょう

```
# 図 11.3 の作成
> zansa<-resid(condo.kaiki)
> sd.zansa<-zansa/sd(zansa)  # 基準化残差
> plot(predict(condo.kaiki), sd.zansa)
> abline(h=c(-2,0, 2), col="red")
```

つづいて，ダミー変数を含む回帰モデルを推定しましょう．

```
> d20<-c(rep(0,19),1,0)
> d20  # d20 を確認
> dummy.kaiki<-lm(price~area+year+distance+d20)
> summary(dummy.kaiki)
```

11.6　　変数選択

推定した重回帰モデルの距離変数の t 値は低く，距離変数は効いていないように思われます．マンション価格を説明し予測するために，距離を重回帰モデルの説明変数として採用すべきでしょうか．このような**変数選択**の規準には R2 乗は適しません．距離を含むモデルの R2 乗のほうが含まないモデルの R2 乗よりつねに大きいからです．自由度調整済み R2 乗を用いることも一案ですが，一般には **AIC** とよばれる規準を用います[5]．推定したモデルの残差 2 乗和を RSS とするとき，その AIC は

---

[5] AIC は Akaike's infromation criterion(赤池の情報量規準) に由来します．AIC は一般的な統計モデル選択の基準として，回帰モデルをはじめとするさまざまな統計の分野で用いられています．AIC は，わが国発の統計手法の中で世界的に最も広く利用されているものでしょう．

11.6 変数選択

$$\mathrm{AIC} = n \log\left(\frac{\mathrm{RSS}}{n}\right) + 2K$$

と定義されます．右辺の第 1 項はモデルがデータに適合しない程度 (不適合度)，第 2 項はモデルの大きさを表します．距離をモデルから除けば第 1 項は大きくなりますが，第 2 項は小さくなります．AIC は「モデルの不適合度」と「モデルの大きさ」という相反する 2 つの項を調整した規準であり，それを小さくすることでバランスのとれた変数選択が実現できます．

同様な考えに基づく指標として **BIC** 規準も知られています：[*6)]

$$\mathrm{BIC} = n \log\left(\frac{\mathrm{RSS}}{n}\right) + \log(n)K$$

BIC では，距離を含まないモデルを用いるときの第 2 項の減少が AIC より著しいため，AIC 規準よりも小さいモデルが選ばれます．回帰モデルを将来の予測に用いるときには AIC 規準を用い，回帰モデルを現在あるいは過去の因果関係の説明に用いるときには BIC 規準を用いるのがよいとされています．

R 実習

R の step 関数を用いて，AIC 規準により段階的に変数選択を行いましょう．以下の計算は，広さ，築年数，距離に d20 を加えた最も大きなモデルを出発点として変数選択を実行します．

```
> aic.kaiki<-step(dummy.kaiki) # AIC 基準による選択
> summary(aic.kaiki)
```

距離変数を除いた以下のモデルが選択されます

$$\text{価格} = 918.503 + 65.933 \times \text{広さ} - 67.8904 \times \text{築年数} - 2295.803 \times d20$$
$$\quad\ (1.566)\ \ (11.565) \qquad\quad (-4.553) \qquad\qquad\quad (-3.629)$$

$$R2 \text{乗} = 0.9377$$

[*6)] BIC は Bayesian Information Criterion の頭文字をとったものです．その名前のとおりベイズ統計学の原理に基づいています．

11.7　対数線形モデル

　前の節では，AIC 規準により，20 番目の観測値を除去し，面積と築年数を説明変数とするモデルが選択されました．この回帰モデルにおいて，面積と築年数のどちらがマンション価格により大きな影響を与えているでしょうか．これを推定したモデルの回帰係数の大きさから判断することはできません．回帰係数はそれぞれの説明変数の測定単位に依存しているからです．たとえば面積の単位を坪（3.3 平方メートル）に変えると，それだけで面積の回帰係数は 1/3.3 に減少してしまいます．この問題を解決する有用な方法は，各変数を（自然）対数に変換してから回帰モデル

$$\log(\text{価格}) = \beta_0 + \beta_1 \times \log(\text{広さ}) + \beta_2 \times \log(\text{築年数}) + 誤差項$$

をあてはめる**対数線形モデル**を用いることです．このモデルでは，「広さ」の係数 β_1 は

$$\beta_1 = \frac{d\log(\text{価格})}{d\log(\text{広さ})} \fallingdotseq \frac{\frac{\Delta(\text{価格})}{\text{価格}}}{\frac{\Delta(\text{広さ})}{\text{広さ}}}$$

であり，広さに対する価格弾力性を表しています．それは，広さが現在の水準から 1%変化したとき価格が何%変化するかを表す数値であり，単位には依存しません．同様に β_2 は築年数に対する価格弾力性を表します．このため，β_1 と β_2 の大きさにより，2 つの説明変数の価格への影響度を直接比較できます．

　BIC 規準によって選択された対数線形モデルは

$$\log(\text{価格}) = 3.58480 + 1.24833 \times \log(\text{広さ}) - 0.21773 \times \log(\text{築年数})$$
$$(10.918)\quad (18.570) \qquad\qquad (-5.607)$$

$$-2295.803 \times d20$$
$$(-4.991)$$

R2 乗 $= 0.9693$

となります．「面積」が 1%広くなるとマンション価格は 1.25%上昇し，「築年

数」が 1%新しくなるとマンション価格は約 0.22%上昇します．価格に対する影響は，「築年数」より「広さ」のほうが大きいようです．

この対数線形モデルの両辺の指数をとると，$e^{3.58480} = 36.046$ に注意すると，

—————— 価格評価モデル ——————
$$価格 = 36.046 \times \frac{広さ^{1.24833}}{築年数^{0.21773}}$$

という関係が得られます．これは目黒駅周辺のマンション価格の評価モデルを与えます．たとえば，広さが 60 平米の築年数が 1 年のマンションの価格は，

$$36.046 \times 60^{1.24883} = 5990.536\ 万円$$

と評価できます．

R 演習

```
> log.kaiki<-lm(log(price)~log(area)+log(year)+d20)
> summary(log.kaiki)
```

付　　録

1. 最小 2 乗推定値の導出

誤差 2 乗和

$$S = \sum_{i=1}^{n} \left(Y_i - (\beta_0 + \beta_1 X_{i1} + \beta_2 X_{i2} + \beta_3 X_{i3})\right)^2 \tag{11.1}$$

を $\beta_0, \beta_1, \beta_2, \beta_3$ に関して最小化する必要条件は，各パラメータに関する誤差 2 乗和の偏微分がゼロとなることである．β_0 に関する S の偏微分は

$$\frac{\partial S}{\partial \beta_0} = 2 \sum_{i=1}^{n} (Y_i - (\beta_0 + \beta_1 X_{i1} + \beta_2 X_{i2} + \beta_3 X_{i3}))$$

となるから，

$$\sum_{i=1}^{n} (Y_i - (\beta_0 + \beta_1 X_{i1} + \beta_2 X_{i2} + \beta_3 X_{i3})) = 0$$

が成立する．両辺を n で割ると，

$$\bar{Y} - (\beta_0 + \beta_1 \bar{X}_1 + \beta_2 \bar{X}_2 + \beta_3 \bar{X}_3) = 0 \tag{11.2}$$

を得る．

(11.2) を (11.1) に代入すると

$$S = \sum_{i=1}^{n} \left(Y_i - \bar{Y} - \beta_1(X_{i1} - \bar{X}_1) - \beta_2(X_{i2} - \bar{X}_2) - \beta_3(X_{i3} - \bar{X}_3)\right)^2 \tag{11.3}$$

を得る．ここで，$\partial S/\partial \beta_1 = 0$ より

$$\sum_{i=1}^{n} \left(Y_i - \bar{Y} - b_1(X_{i1} - \bar{X}_1) \right.$$
$$\left. - b_2(X_{i2} - \bar{X}_2) - b_3(X_{i3} - \bar{X}_3)\right)(X_{i1} - \bar{X}_1) = 0$$

が成立する．さらに両辺を n で割ると，

$$S_{Y1} = b_1 S_{11} + b_2 S_{12} + b_3 S_{13}$$

を得る．同様にして，連立方程式の他の式も得られる．

2. F 分布

$Z_1, Z_2, \ldots, Z_p$ を互いに独立な p 個の標準正規確率変数とするとき，これらの 2 乗和

$$U \equiv Z_1^2 + Z_2^2 + \cdots + Z_p^2$$

の従う分布を自由度が p のカイ 2 乗分布という．U とは独立に自由度 q のカイ 2 乗分布に従う別の確率変数を V としよう．このとき

$$F = \frac{U/p}{V/q}$$

の従う分布を自由度が p, q の F 分布とよぶ．

F 分布は正値のみをとる連続確率分布であり，$q \geq 3$ のときその期待値は

$$\mathrm{E}[F] = \frac{q}{q-2}$$

となる．正規分布や t 分布と異なり，分布は対称ではない．

12 ロジットモデル

5章では，コイン投げや内閣支持調査のような可能な結果が2通りしかないベルヌーイ試行を扱いました．就職や結婚，事故や企業倒産のようなイベントの出現も同様に1（＝イベントが起きる）か0（＝イベントが起きない）いう2値変数で表すことができます．しかし，コイン投げの結果と異なり，企業が倒産するか否かにはなんらかの説明要因があるでしょう．この章ではこのような2値変数を被説明変数とする回帰モデルを考えます．

12.1 住宅ローンのデフォルトデータ

12.1.1 データ

表12.1は住宅ローンのデフォルト（支払遅延）に関するデータです．EVER90は2値変数であり，支払いが3か月以上遅れたことがある場合は1，そうでない場合は0をとります．FIはFair Isacc社による信用スコアです．この信用

表 12.1 住宅ローンのデフォルトデータ

	デフォルト/非デフォルト EVER90	信用スコア FICO	ローン額/評価額 LTV	所得規模 INCOME	カリフォルニア州か否か CA
1	1	576	0.86	5	Other
2	1	678	0.9	3	California
3	1	693	0.8	5	Other
4	1	669	0.75	4	Other
⋮	⋮	⋮	⋮	⋮	⋮
93	0	629	0.29	5	Other
94	1	742	0.74	3	Other
95	0	752	0.61	2	Other

スコアは，支払履歴（遅延の有無・期間・回数など），借入残高（借入限度に近いか否か）に基づくローンを受けた人の信用度を300点から850点のスコアで表した数値です．全米平均は約680点であり，680点以上が「プライム向け住宅ローン」，575点から680点が「サブプライム向け住宅ローン」とされています．LTV(loan to value)はローンの担保物件の価値評価額に対するローン額の比率を表す指標です．また，INCOMEは所得規模を5段階に区分した変数であり，大きい値ほど所得が高いことを示します．CAは担保物件がカリフォルニア州にあるか否かを表す2値変数です．

R 実習

まず，credit.csv を

http://web.sfc.keio.ac.jp/~kogure/asakura/data-analysis.html

からダウンロードし，Rの作業ディレクトリーに保存して下さい．つづいて，基本統計量を計算しましょう．

```
> credit<-read.csv("credit.csv", header=T)
> attach(credit)
# credit をデータセットとして用いるという宣言
> summary(credit)
# credit の各変数の要約
# デフォルト率は約 31.6%
```

summary 関数の結果は以下のように表示されます．

```
      EVER90              FICO              LTV             INCOME
 Min.   :0.0000     Min.    :461.0     Min.   :0.2600    Min.    :1.000
 1st Qu.:0.0000     1st Qu.:670.0     1st Qu.:0.7000    1st Qu.:3.000
 Median :0.0000     Median :724.0     Median :0.8000    Median :5.000
 Mean   :0.3158     Mean   :708.6     Mean   :0.7617    Mean   :4.189
 3rd Qu.:1.0000     3rd Qu.:764.0     3rd Qu.:0.8850    3rd Qu.:5.000
 Max.   :1.0000     Max.   :809.0     Max.   :0.9500    Max.   :8.000
        CA
 California:15
 Other     :80
```

次に EVE90 と連続量である FICO と LTV の散布図を描きます．

```
> pairs(credit[,1:3])
# credit[,1:3] は credit の 1～3 列目のデータ
```

さらに EVER30 と離散量である INCOME と CA のクロス表を作成します．

```
> table(credit[,c(1,4)])
# credit の 1 列目と 4 列目のクロス表
> table(credit[,c(1,5)])
# credit の 1 列目と 4 列目のクロス表
> table(credit[,c(1,4,5)])
# 3 次元のクロス表
```

12.2　ロジットモデル

i 番目のローンの EVER90 の値を Y_i とすると

$$Y_i = \begin{cases} 1, (\text{デフォルト}) & \text{確率 } p_i \\ 0, (\text{デフォルトしない}) & \text{確率 } 1 - p_i \end{cases}$$

と表せます．Y_i は5章で学んだベルヌーイ試行と同じ形をしていますが，$Y_i = 1$ となるデフォルト確率 p_i は，各ローン（の属性）によって異なるでしょう．以下では，デフォルト確率 p_i を説明する回帰モデルを考えます．

3章で学んだオッズの概念を思い出しましょう．i 番目のローンがデフォルトするオッズは

$$\frac{p_i}{1-p_i}$$

となります．オッズの可能な値は正値全体となるので，オッズの自然対数値

$$\log\left(\frac{p_i}{1-p_i}\right)$$

は正にも負にもなります．確率から対数オッズへのこの変換を**ロジット変換**といいます．図 12.1 は確率 p が 0 から 1 の間を動くときの対数オッズの変化を表します．

デフォルトの対数オッズを FICO と LTV の2つの変数で説明する線形モデル

$$\log\left(\frac{p_i}{1-p_i}\right) = \beta_0 + \beta_1 \times \mathrm{FICO}_i + \beta_2 \times \mathrm{LTV}_i$$

を考えましょう．ここで，β_0, β_1, β_2 はパラメータです．これをもとに戻すと

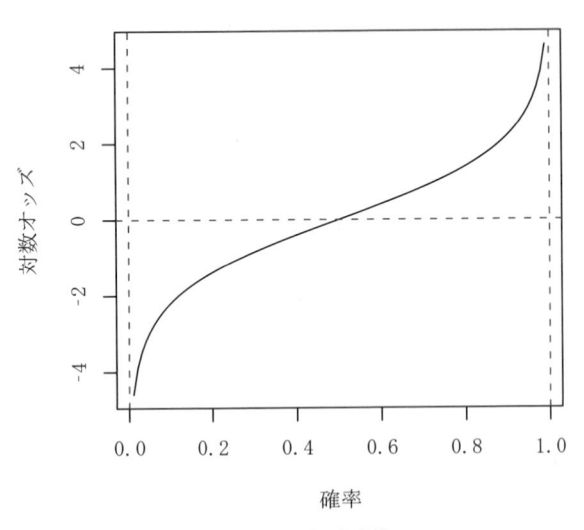

図 12.1 ロジット変換

デフォルト確率は

$$p_i = \frac{\exp\{\beta_0 + \beta_1 \times \text{FICO}_i + \beta_2 \times \text{LTV}_i\}}{1 + \exp\{\beta_0 + \beta_1 \times \text{FICO}_i + \beta_2 \times \text{LTV}_i\}} \quad (12.1)$$

と表されます.

12.3　ロジットモデルの推定

各 Y_i が成功確率 (12.1) のベルヌーイ分布に従うモデルをロジットモデルといいます. パラメータ β_0, β_1, β_2 の推定を考えましょう.

12.3.1　最　尤　法

Y_i を i 番目のローンがデフォルトするか否かを表す確率変数とし, y_i を実際の観測値とします. $y_i = 1$ がデフォルトを表し, $y_i = 0$ がデフォルトでないことを表します. このとき, Y_i の確率分布は

$$\Pr(Y_i = y_i) = \begin{cases} p_i, & y_i = 1 \text{ のとき} \\ 1 - p_i, & y_i = 0 \text{ のとき} \end{cases}$$
$$= \left(\frac{p_i}{1 - p_i}\right)^{y_i} (1 - p_i)$$

と表現できます. Y_i が互いに独立に分布すると仮定すると, 観測値 $\{y_1, y_2, \ldots, y_n\}$ が出現する確率は

$$\begin{aligned} L &= \Pr(Y_1 = y_1, \ldots, Y_n = y_n) \\ &= \Pr(Y_1 = y_1) \times \cdots \times \Pr(Y_n = y_n) \\ &= \left(\frac{p_1}{1 - p_1}\right)^{y_1} (1 - p_1) \times \cdots \times \left(\frac{p_n}{1 - p_n}\right)^{y_n} (1 - p_n) \end{aligned} \quad (12.2)$$

で与えられます. (12.1) より, この確率はパラメータ β_0, β_1, β_2 に依存しています. (12.2) をパラメータ β_0, β_1, β_2 の関数と考えたものを尤度 (ゆうど) とよびます. 尤度は観測値 $\{y_1, y_2, \ldots, y_n\}$ の出現の可能性を表します. したがって, 尤度を最大にするような β_0, β_1, β_2 の値が観測値に最もよくフィッ

トしていると考えられます.そのようなパラメータの値 b_0, b_1, b_2 を最尤推定値といいます.

この節の最後に掲げる R コマンドによる推定結果は以下のとおりです.

```
Coefficients:
            Estimate Std. Error z value Pr(>|z|)
(Intercept) 15.839149    4.930073   3.213  0.00131 **
FICO        -0.030104    0.006827  -4.410 1.04e-05 ***
LTV          5.656549    2.673363   2.116  0.03435 *
---
Signif. codes:  0 '***' 0.001 '**' 0.01 '*' 0.05 '.' 0.1 ' '
1


(Dispersion parameter for binomial family taken to be 1)

    Null deviance: 118.494  on 94  degrees of freedom
Residual deviance:  68.445  on 92  degrees of freedom
AIC: 74.445
```

この出力結果の見方は通常の回帰モデルの場合と同様です.Estimate は各係数の推定値,Std. Error は対応する標準誤差を表します.z value は各係数の推定値を標準誤差で除した値を指します.z 値は,通常の回帰分析の場合の t 値にあたります.

これらの推定結果は

$$\text{対数オッズ比} = 15.839 - 0.030 \times \text{FICO} + 5.657 \times \text{LTV}$$
$$\phantom{\text{対数オッズ比} = }(3.213) \quad (-4.410) \qquad\quad (2.116)$$

$$\text{AIC} = 74.445$$

と簡潔に表示できます.ロジットモデルの係数は説明変数が 1 単位変化したときの対数オッズ比の感応度を表します.

12.3.2 デビアンス

推定したモデルとデータとの不適合度は，残差デビアンス[*1)]

$$残差デビアンス = -2(推定モデルの対数尤度)$$
$$= -2l(b_0, b_1, b_2)$$

によって表されます．ただし，右辺の $l(b_0, b_1, b_2)$ は対数尤度を b_0, b_1, b_2 で評価した値であり，

$$l(b_0, b_1, b_2) \equiv \log L = \sum_{i=1}^{n} y_i \log \frac{p_i}{1-p_i} + \sum_{i=1}^{n} \log(1-p_i)$$
$$= \sum_{i=1}^{n} y_i (b_0 + b_1 \times \mathrm{FICO}_i + b_2 \times \mathrm{LTV}_i)$$
$$- \sum_{i=1}^{n} \log\left(1 + \exp\left\{1 + b_0 + b_1 \times \mathrm{FICO}_i + b_2 \times \mathrm{LTV}_i\right\}\right)$$

と定義されます．残差デビアンスは，回帰モデルの残差 2 乗和に相当します．一方，FICO も LTV もデフォルト確率に影響を与えないという帰無仮説

$$\beta_1 = \beta_2 = 0$$

に対応したモデルのデビアンスをナルデビアンスといいます．これは回帰モデルの総 2 乗和に相当します．ナルデビアンスと推定モデルのデビアンスとの差

$$ナルデビアンス - 推定モデルのデビアンス$$

は回帰モデルの回帰 2 乗和に対応し，帰無仮説が正しいとき近似的に自由度 2 （= 帰無仮説のパラメータの個数）のカイ 2 乗分布[*2)]に従います．

この例では，ナルデビアンスと残差デビアンスの差は 50.049 です．帰無仮説が正しいとき，この値は自由度 2 のカイ 2 乗分布からの実現値となるはずです．しかし，そのときに期待される値よりは十分に大きいので，帰無仮説は棄却されます．

R 実習

FICO と LTV の 2 変数を説明変数として，EVER90 を説明するロジットモ

[*1)] 逸脱度ともよばれます．
[*2)] カイ 2 乗分布についてはこの章の付録を参照して下さい．

デルを推定しましょう.

```
> credit.logit<-glm(EVER90~FICO+LTV, family=binomial)
> summary(credit.logit)
```

- R では「glm」というコマンドを用います．使い方は「lm」と同様．
- ただし,「2項分布」の回帰モデルであることを示すために, family=binomial というオプションをつけます.

12.4　モデル選択

12.4.1　AIC 規準

回帰モデルの場合と同様に AIC 規準によってモデル選択を行うことができます．各モデルの「悪さ」は

$$\mathrm{AIC} = -2n \times 最大対数尤度 + 2K$$

によって与えられます．ここで, n は観測値の個数, K は説明変数の個数（定数項も含む）右辺第 1 項は, モデルの「当てはまり」の悪さを表し（大きいほど当てはまりが悪い）[3], 右辺第 2 項は, モデルの「複雑さ」に対するペナルティを表します．

BIC 規準では, 各モデルの「悪さ」は

$$\mathrm{BIC} = -2n \times 最大対数尤度 + \log(n)K$$

によって与えられます．右辺第 1 項は, AIC と同じですが, 第 2 項は AIC の場合より大きくなります．このため, BIC のほうがより単純なモデルを選択します．

12.4.2　対数変換

説明変数に対数変換を施して推定すると

---

[3]　通常の回帰モデルの場合には, この第 1 項は $n \log(残差 2 乗和)$ となります．

12.4 モデル選択

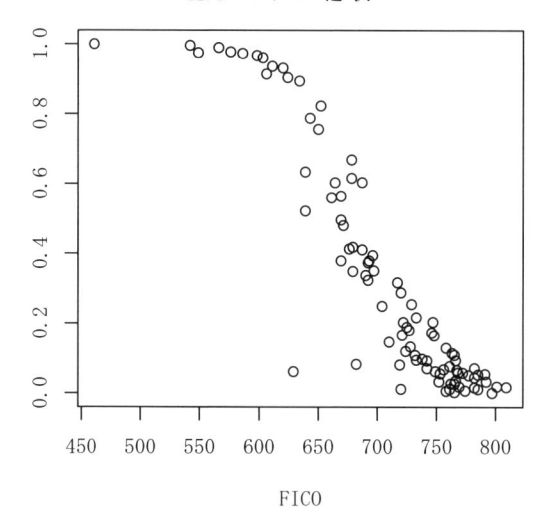

図 12.2 FICO に対するデフォルト確率（対数変換）

$$\text{対数オッズ比} = 139.91 - 21.32 \times \log(\text{FICO}) + 4.24 \times \log(\text{LTV})$$
$$(4.36) \quad (-4.36) \quad\quad\quad (2.12)$$

$$\text{AIC} = 73.205$$

という推定結果が得られます．AIC の値は小さくなり，対数変換を施すほうがよさそうです．このモデルでは係数は，オッズ比の各説明変数の弾力性を表します．LTV よりも FICO のほうが影響力が大きいことがわかります．このモデルに基づく推定デフォルト確率の FICO に対する変化が図 12.2 に表示されています．

R 実習

説明変数に対数変換を施したモデルを推定してみましょう．

```
> log.credit.logit<-glm(EVER90~log(FICO)+log(LTV),
 family=binomial)
> summary(log.credit.logit)
# デフォルトの対数オッズ（予測値）
> x<-predict(log.credit.logit)
# デフォルト確率
```

```
> p.default<-exp(x)/(1+exp(x))
# 図 12.2 の作成
> plot(FICO, p.default, ylab="",
 main="FICO に対するデフォルト確率")
```

つづいて，AIC 基準を用いて説明変数の選択を行ってみましょう．通常の重回帰モデルの場合と同じく，step 関数を用いて，最も大きなモデルを出発点として段階的に変数選択を行います．

```
# 最も大きいモデルの推定
> full.credit.logit<-glm(EVER90~log(FICO)+log(LTV),
 log(INCOME)+CA, family=binomial)
# AIC 規準による変数選択
> step(full.credit.logit)
# BIC 規準による変数選択
> step(full.credit.logit, k=log(95))
```

12.5 タイタニック：何が生死を分けたか

映画にもなったタイタニック号の悲劇をロジット分析を用いて検証してみましょう．表 12.2 は，タイタニック号に乗船していた 1313 人の乗客のデータの抜粋です[*4]．各乗客の客室クラス（一等から三等まで），年齢，性別および生存か否かを表すダミー変数 (1 = 生き残り，0 = 死亡) が与えられています．表にある「Hosono, Mr Masafumi」はミュージシャンとして有名な細野晴臣氏の祖父です．

R 実習

まず，titanic.csv を

[*4] データの出所は，http://www.encyclopedia-titanica.org.

12.5 タイタニック：何が生死を分けたか

表 12.2 タイタニック号の乗客データ

名前 name	客室クラス PClass	年齢 age	性別 sex	生存か否か Survived
Allen, Miss Elisabeth Walton	1st	29.00	female	1
Allison, Miss Helen Loraine	1st	2.00	female	0
Allison, Mr Hudson Joshua Creighton	1st	30.00	male	0
Allison, Mrs Hudson JC (Bessie Waldo Daniels)	1st	25.00	female	0
⋮	⋮	⋮	⋮	⋮
Hosono, Mr Masafumi	2nd	41.00	male	1
⋮	⋮	⋮	⋮	⋮
Zimmerman, Leo	3rd	29.00	male	0

http://web.sfc.keio.ac.jp/~kogure/asakura/data-analysis.html
からダウンロードし，R の作業ディレクトリーに保存して下さい．
簡単な分析から始めましょう．

```
> titanic<-read.csv("titanic.csv", header=T)
> summary(titanic[,-1])
# titanic[,-1] は titanic の 1 列目 (name) を除いたもの
> attach(titanic)
> table(PClass, Sex, Survived)
> mosaicplot(table(PClass, Sex, Survived), main="",
  col=c("black", "red"))
```

summary の出力結果は以下のとおりです．

```
 PClass        Age              Sex           Survived
 1st:322   Min.   :  0.17   female:462    Min.    :0.0000
 2nd:280   1st Qu.: 21.00   male  :851    1st Qu.:0.0000
 3rd:711   Median : 28.00                 Median :0.0000
          Mean   : 30.40                 Mean   :0.3427
          3rd Qu.: 39.00                 3rd Qu.:1.0000
          Max.   : 71.00                 Max.   :1.0000
          NA's   :557.00
```

PClass と Sex は質的な変数であるため度数が表示されています．Age の NA's は欠損 (not available) を表します．Survived の平均値 (mean) は，乗客全体の 34%が生き残ったことを表します．

table はクロス表を作成します．そのグラフ表示が図 12.3 のモザイクプロットです．この図から，いずれの客室クラスでも男性の生存率は低いこと，女性であっても，三等客室の生存率は高いことが見てとれます．

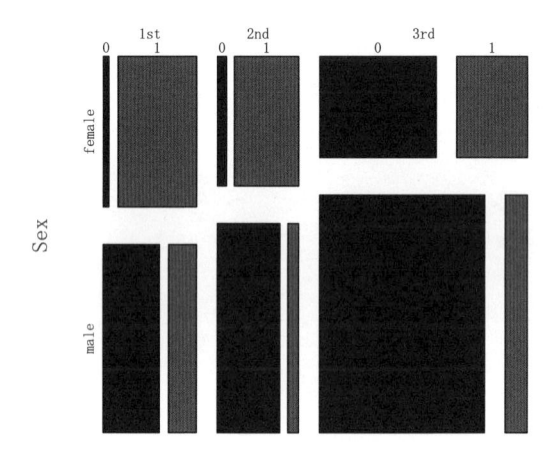

図 **12.3** タイタニックの生死：客室クラスと性別

12.6　タイタニック：ロジットモデルの推定

質的な変数である PClass と Sex を説明変数として用いたロジットモデルの推定結果は以下のとおりです．ただし，Sexmale は男性ならば 1，女性ならば 0 をとるダミー変数です．また，PClass2nd, PClass3rd は乗客が二等客室か三等客室かを表すダミー変数であり，(PClass2nd, PClass3rd) の組み合わせによって，PClass の一等 (1st) から三等 (3rd) までのカテゴリーを表すことができます．(PClass2nd, PClass3rd)=(1, 0) が二等，(PClass2nd, PClass3rd)=(0, 1) が三等，(PClass2nd, PClass3rd)=(0, 0) が一等を表します．

```
Coefficients:
            Estimate Std. Error z value Pr(>|z|)
(Intercept)   1.9507    0.1718   11.356  < 2e-16 ***
PClass2nd    -0.7894    0.1954   -4.039 5.36e-05 ***
PClass3rd    -2.0391    0.1774  -11.496  < 2e-16 ***
Sexmale      -2.4454    0.1512  -16.177  < 2e-16 ***
---
Signif. codes:  0 '***' 0.001 '**' 0.01 '*' 0.05 '.'
0.1 ' ' 1

(Dispersion parameter for binomial family taken to be 1)

    Null deviance: 1688.1  on 1312  degrees of freedom
Residual deviance: 1199.0  on 1309  degrees of freedom
AIC: 1207.0
```

この結果は，基本的にはモザイクプロットと同じです．たとえば Sexmale の z 値が負の方向に大きいということは，男性であることが生存にとってきわめて不利に働いたということを示します．また，ナルデビアンスと残差デビアンスの差は 489.1 であり，帰無仮説が成立するときに期待される自由度 3 のカイ

2 乗分布の値よりもはるかに大きくなります．

12.6.1 年齢を追加したモデルの推定

次に，年齢が欠損となっているデータを除いて，年齢を追加したモデルを推定しましょう．推定結果は以下のように与えられます：

```
Coefficients:
            Estimate Std. Error z value Pr(>|z|)
(Intercept)   5.0226     0.5774   8.698  < 2e-16 ***
PClass2nd    -1.1736     0.2496  -4.701 2.58e-06 ***
PClass3rd    -2.3665     0.2594  -9.125  < 2e-16 ***
Sexmale      -2.6526     0.2033 -13.046  < 2e-16 ***
log(Age)     -0.7856     0.1415  -5.551 2.84e-08 ***
---
Signif. codes:  0 '***' 0.001 '**' 0.01 '*' 0.05 '.'
0.1 ' ' 1


(Dispersion parameter for binomial family taken to be 1)

    Null deviance: 1025.57  on 755  degrees of freedom
Residual deviance:  687.66  on 751  degrees of freedom
  (557 observations deleted due to missingness)
AIC: 697.66
```

ここで，AIC の大幅な低下はデータの大きさが半減したことによります．この推定式を用いて，Hosono, Mr Masafumi 氏の生存確率を計算してみましょう．Hosono, Mr Masafumi 氏の対数オッズは

$$\text{Hosono, Mr Masafumi の対数オッズ}$$
$$= 5.0226 - 1.1736 - 2.6526 - 0.7856 \log(41) = -0.261$$

となり，モデルに基づく生存確率は

$$\text{Hosono, Mr Masafumi の生存確率} = \frac{e^{-0.261}}{1+e^{-0.261}} = 0.435$$

となります.この値は,全体の単純な生存率 34.3% より高く,Hosono, Mr Masafumi(と同じ属性の乗客)が生存する可能性は比較的高かったと考えられます[*5)].

R 実習

まず,PClass と Sex を説明変数とするロジットモデルを推定しましょう.

```
> titanic.logit<-glm(Survived~PClass+Sex,
+ family=binomial)
> summary(titanic.logit)
```

つづいて,年齢を加えたモデルを推定します.ここでは年齢そのものではなく,年齢の対数値を使います.

```
> titanic2.logit<-glm(Survived~PClass+Sex+log(Age),
+ family=binomial)
> summary(titanic2.logit)
```

付　　録

カイ 2 乗分布

$Z_1, Z_2, \ldots, Z_p$ を互いに独立な p 個の標準正規確率変数とするとき,これらの 2 乗和

$$U \equiv Z_1^2 + Z_2^2 + \cdots + Z_p^2$$

の従う分布を自由度が p のカイ 2 乗分布という.

カイ 2 乗分布は正値のみをとる連続確率分布であり,その期待値は q,分散は $2q$ となる.正規分布や t 分布と異なり,分布は対称ではない.

[*5)] 欠損と各説明変数の間に依存関係がない場合には,このような欠損値を外した統計分析が許されます.依存関係の有無については,別途検証しなければならない課題です.

A 付録：R 事始め

A.1 ベースシステムとパッケージ

R は基本となるベースシステムとそれに追加して用いるパッケージの2つから構成されています．ベースシステムにパッケージを追加することによって，回帰分析のような基本的な手法ばかりでなく高度な先進的手法も手軽に利用することができます．

R のベースシステムも追加パッケージも CRAN (comprehensive R arcive network) のサイト http://CRAN.R-project.org および世界中にある CRAN のミラーサイトから入手できます．わが国には筑波大学，東京大学，会津大学に CRAN のミラーサイトがあります．これらのインターネットアドレスは以下のとおりです：

(1) 筑波大サイト

http://cran.md.tsukuba.ac.jp/bin/windows/base

(2) 東大サイト

ftp://ftp.ecc.u-tokyo.ac.jp/CRAN/bin/windows/base/

(3) 会津大サイト

ftp://ftp.u-aizu.ac.jp/pub/lang/R/CRAN/bin/windows/base/

R には，Windows 版，MacOS 版，LINUX 版，UNIX 版があります．以下では，Windows 版のインストールについて説明します．それ以外のインストールについては，http://www.okada.jp.org/RWiki/にある<<R のインストール>>を参照して下さい．

A.2 インストール

まず上記の3つのサイトのいずれか（たとえば，筑波大サイト）につなぎ，Win-

dows 版の最新バージョンのソフト（この本の執筆時点では R-2.8.1-win32.exe）
をダウンロードして下さい．

　ダウンロードした R-2.8.1-win32.exe をダブルクリックすることにより，イ
ンストールが開始します．途中でいくつかの質問がありますが，デフォルトの
ままインストーラーの指示に従ってインストールを進めて下さい．以下に具体
的な手順を示します：

1) 自分のパソコンに保存した R-2.8.1-win32.exe をダブルクリックし，"実行 (R)" をクリックする．
2) 「セットアップに使用する言語を選びます：」という画面が現れたら，「Japanese」となっていることを確認して，"OK" ボタンで次に進む．
3) 「R for Windows 2.8.1 セットアップウィザードの開始」という画面が現れたら，"次へ (N) >" ボタンで次に進む．
4) 「情報」という画面が現れたら，"次へ (N) >" ボタンで次に進む．
5) 「インストール先の指定」という画面が現れたら，"次へ (N) >" ボタンで次に進む．
6) 「コンポーネントの選択」という画面が現れたら，"そのまま次へ (N) >" ボタンで次に進む．
7) 「起動時オプション」という画面が現れたら，"いいえ (デフォルトのまま)" となっていることを確認して，"次へ (N) >" ボタンで次に進む．item 「追加タスクの選択」という画面が現れたら，そのまま "次へ (N) >" ボタンで次に進む．

以上の操作が終わると，R のインストールが始まります．しばらくしてインス
トールが終了すると「R for Windows 2.8.1 セットアップウィザードの完了」
という画面が現れますので，"完了 (F)" ボタンを押してインストールの全作業
を完了します．

A.3　R の起動

　インストール後に R のショートカットがデスクトップに作成されます．それ
をクリックすると R が起動され，直後に以下のメッセージが現れます．

```
R version 2.8.1 (2008-12-22)
Copyright (C) 2008 The R Foundation for Statistical Computing
ISBN 3-900051-07-0

R はフリーソフトウェアであり,「完全に無保証」です.
 一定の条件に従えば,自由にこれを再配布することができます.
配布条件の詳細に関しては,'license()' あるいは 'licence()' と入力して下
さい.
R は多くの貢献者による共同プロジェクトです.
 詳しくは 'contributors()' と入力して下さい.
また, R や R のパッケージを出版物で引用する際の形式については
'citation()' と入力して下さい.

 'demo()' と入力すればデモを見ることができます.
 'help()' とすればオンラインヘルプが出ます.
 'help.start()' で HTML ブラウザによるヘルプが見られます.
 'q()' と入力すれば R を終了します.
>
```

もしも,コンソールが文字化けしている場合には以下の操作を行って下さい:
1) R のトップメニューから「編集 –> GUI プリファレンス」を選択して, Rgui 設定エディターを表示させる.
2) 「Font」の横のプルダウンメニューから「MS Gothic」を選択して,「Apply」をクリックする.
3) 日本語の表示を確認したら,「Save」をクリックし,保存先ファイル名を C:\Program Files\R\R-2.8.1\etc\Rconsole として(上書き)保存し,最後に「OK」をクリックする.

A.4 R の入力

>は, R の入力待ち状態を示す「プロンプト記号」です. >に続けて,コマンドを入力し Enter キーを押すと,そのコマンドが実行されます.入力は基本的

に半角文字で行います*1).
　たとえば,

　　　> 5+4

と入力し Enter キーを押すと，5+4 というコマンドが実行され，その結果が

　　　[1] 9

と表示されます．ここで，[1] は出力の 1 行目であることを示します．また

　　　> x<-5+4

と入力し Enter キーを押すと，5+4 の結果が x に割り当てられます．ここで，<-（不等号（より小さい）とハイフン）は，右辺の計算結果である「5+4」を左辺の変数「x」に割り当てる操作を示します．x の値を表示するには

　　　> x
　　　[1] 9

とします．このように，変数をタイプするとその変数の内容が表示されます．
　ここで，x を大文字でタイプすると以下のようにエラーが表示されます：

　　　> X
　　　エラー： オブジェクト "X" は存在し

これは，R では，アルファベットの大文字と小文字は区別するため，x と X は別の変数として扱われるためです．

A.5　R　関　数

　5 + 4 は，R の sum 関数を用いると

　　　> sum(5,4)

により実行できます．R にはたくさんの関数が用意されています．各関数の使い方はヘルプを見ることで調べることができます．たとえば，sum 関数のヘルプを表示するには

---

　*1)　変数名やファイル名，グラフのタイトルなどは全角（日本語）も使用可能ですが，最初のうちは半角で通したほうが無用なトラブルを避けられるかもしれません．

```
> help(sum)
```
とします.

Rを終了するにはq関数を用いて

```
> q()
```

とします．Enterキーを押すと，以下のように「作業スペースを保存しますか？」というメッセージが表示されるので，「はい(Y)」をクリックします．

A.6 作業ディレクトリー

Rを再び起動し，メニューの「ファイル」から「ディレクトリーの変更」を選択して下さい．「作業ディレクトリの変更」という画面が表示されます．その下に，現在の作業ディレクトリーが表示されます．XPであれば，C:¥Documents and Settings¥ユーザー名¥My Documentsなどと表示されます（これは，「マイドキュメント」のディレクトリーです）．Vistaであれば，C:¥Users¥ユーザー名¥Documentsなどと表示されます．このディレクトリーを作業ディレクトリーあるいは作業フォルダーとよびます．ここにRのすべての作業結果が保存されます．また，Rに読み込むデータファイルも，この作業ディレクトリーに保存します．

作業ディレクトリーを別のディレクトリーに変更したいときには，「作業ディレクトリの変更」の画面の「フォルダー」に変更先のディレクトリーを指定して下さい．

A.7 データファイルの保存と読み込み

データ分析を行うためには，まずデータをRに読み込む必要があります．データが保存されているファイルの種類はさまざまですが通常は以下の3種類です．

- Excelファイル

  これは，Excelによって作成された表形式のファイルです．Excelファイルは，拡張子がxlsまたはxlsxです．

- csvファイル

  csvファイルは，データを保存するファイルの形式として最もよく使われ

ています．Excel ファイルと同様に，表形式のファイルですが，特定のアプリケーションには依存しません．csv ファイルの拡張子は csv です．

- テキストファイルは，文字コードだけからなる最も一般的な形式のファイルです．拡張子は txt が一般的ですが，dat などそれ以外の拡張子がつけられている場合もあります．

　この本で用いるデータファイルはすべて csv ファイルです．これらのファイルは，行が観測対象，列が変数に対応しています．また，ファイルの先頭行には各列に対応する変数名がつけられています．データファイルを R に読み込むには，まず作業フォルダーに保存します．その後の手順については，各章の R 演習をみてください．

　データが Excel ファイルに保存されている場合は，それを csv ファイルに変換して読み込みます．csv ファイルへの変換は以下のように行います．ここで，Excel のバージョンは Excel2007，ファイルの名前を mydata.xlsx とします．

1. mydata.xlsx をダブルクリックして開く．
2. Excel の左上部の Office ボタンをクリックして，「名前を付けて保存」から「その他の形式」を選択する．
3. 「ファイルの種類 (T)」として「CSV(カンマ区切り)(*.csv)」を選び，保存をクリックする．

　データがテキストファイルの表形式で与えられている場合は，read.table コマンドを用います．使用法は read.csv ファイルとほぼ同様です．

A.8　パッケージのインストール

　ベースシステムにさまざまなパッケージを追加してインストールすることにより，さまざまな手法も手軽に利用することができます．ここでは，car というパッケージをインストールしてみましょう．

- R のメインメニューの「パッケージ」から「パッケージのインストール」を選ぶ．
- 「CRAN mirror」という名称のウィンドウが開くので，適当なミラーサイト（たとえば「Japan (Tsukuba)」）を選択して「OK」をクリックする．
- 「Packages」という名称のウィンドウが開くので，「Car」を選択して「OK」

をクリックすると，ダウンロードが開始する．
- インストールが終わったら，以下のように入力して下さい．

```
> library(car)
```

この結果，car に含まれている手法が使えるようになります．

索　引

ア　行

IID　86
R2 乗　116

位置の尺度　8
インターネット調査　85

ウィルコクソンの検定　107

AIC　136, 148
FD 規準　9
F 統計量　133
F 分布　140

オッズ　34

カ　行

回帰係数　117
回帰直線　112
回帰 2 乗和　116
回帰分析　109
回帰モデル　110
回帰予測値　115, 131
回収率　84
カイ 2 乗分布　155
価格弾力性　138
確率　30
確率分布　44
確率変数　44
確率密度関数　66

仮説検定　98
株式収益率　72
観測値　1

基準化残差　120
基準化偏差　27, 73
期待値　45
帰無仮説　98
共同出資　51
極限値　65

空事象　31

決定係数　116

効用　48
誤差項　111, 120
根元事象　31

サ　行

最小 2 乗推定値　112, 123, 128, 139
最頻値　9
最尤推定値　146
残差　115, 122, 131
残差デビアンス　147
残差 2 乗和　116
残差標準誤差　116
散布図　19

事後確率　34
事象　31

索　引

事前確率　34
四分位範囲　9, 11
重回帰モデル　127
自由度　132
自由度調整済み R2 乗　133
周辺分布　50
周辺尤度　34
主観確率　36
条件付き確率　33
条件付き事象　33
信頼区間　78, 92, 93
信頼水準　79

正規分布　68, 70
積事象　32
z 検定　102
z 値　98
説明変数　110
全事象　31
尖度　73

相関係数　20, 24, 51
総変動　116

タ　行

第 1 種の過誤　99
対数線形モデル　138
大数の法則　87
対数変換　26
第 2 種の過誤　99
対立仮説　98
ダミー変数　135
単回帰モデル　109
チェビシェフの不等式　87, 96
中央値　8
中心極限定理　89
散らばりの尺度　10

t 検定　103
t 値　103, 118

t 分布　104
データ　1

統計量　89
同時分布　49
独立　52
独立性　40
度数　2
度数分布　2

ナ　行

ナルデビアンス　147

2 項分布　57
2 変数データ　21

ノンパラメトリック検定　107

ハ　行

外れ値　120, 135
パラメータ　77

BIC　137
ヒストグラム　6
被説明変数　110
p 値　100
標準誤差　90
標準正規分布　68
標準偏差　11, 45
標本　77
標本誤差　87
標本調査　77
標本分散　97
標本平均　86

符号付き順位和　107
不偏分散　103
分散　10, 45
分布関数　66

平均値 8
ベイズの定理 34
ペテルスブルクの逆説 47
ベルヌーイ試行 55
偏回帰係数 130
偏差 10
偏差値 13
変数選択 136

ポアソン分布 61, 63
補事象 31
母集団 77

マ 行

見せかけの相関 25

メレの逆説 37

ヤ 行

有意水準 99
尤度 34, 145

世論調査 76

ラ 行

ランダムサンプリング 77

離散確率変数 55
離散データ 2
リスクプーリング 88

連続確率変数 66
連続データ 6
連続変数 6

ロジット変換 144
ロジットモデル 145

ワ 行

歪度 73
和事象 32
和事象の公式 43

著者略歴

小暮厚之（こぐれ あつゆき）
1977年　東北大学経済学部卒業
1986年　イエール大学大学院統計学部博士課程修了
現　在　慶應義塾大学総合政策学部教授
　　　　Ph.D.（統計学）

シリーズ〈統計科学のプラクティス〉1
Rによる統計データ分析入門　　　定価はカバーに表示

2009年 9月25日　初版第1刷
2016年 4月15日　　　第6刷

　　　　　著　者　小　暮　厚　之
　　　　　発行者　朝　倉　邦　造
　　　　　発行所　株式会社　朝　倉　書　店
　　　　　　　　　東京都新宿区新小川町 6-29
　　　　　　　　　郵便番号　162-8707
　　　　　　　　　電　話　03(3260)0141
　　　　　　　　　ＦＡＸ　03(3260)0180
〈検印省略〉　　　　　http://www.asakura.co.jp

Ⓒ 2009〈無断複写・転載を禁ず〉　　中央印刷・渡辺製本

ISBN 978-4-254-12811-6　C 3341　　Printed in Japan

JCOPY <(社)出版者著作権管理機構 委託出版物>
本書の無断複写は著作権法上での例外を除き禁じられています．複写される場合は，そのつど事前に，(社)出版者著作権管理機構（電話 03-3513-6969，FAX 03-3513-6979，e-mail: info@jcopy.or.jp）の許諾を得てください．

明大 刈屋武昭・広経大 前川功一・東大 矢島美寛・
学習院大 福地純一郎・統数研 川崎能典編

経済時系列分析ハンドブック

29015-8 C3050　　　　A5判 788頁 本体18000円

経済分析の最前線に立つ実務家・研究者へ向けて主要な時系列分析手法を俯瞰。実データへの適用を重視した実践志向のハンドブック。〔内容〕時系列分析基礎(確率過程・ARIMA・VAR他)／回帰分析基礎／シミュレーション／金融経済財務データ(季節調整他)／ベイズ統計とMCMC／資産収益率モデル(酔歩・高頻度データ他)／資産価格モデル／リスクマネジメント／ミクロ時系列分析(マーケティング・環境・パネルデータ)／マクロ時系列分析(景気・為替他)／他

D.K.デイ・C.R.ラオ編
帝京大 繁桝算男・東大 岸野洋久・東大 大森裕浩監訳

ベイズ統計分析ハンドブック

12181-0 C3041　　　　A5判 1076頁 本体28000円

発展著しいベイズ統計分析の近年の成果を集約したハンドブック。基礎理論，方法論，実証応用および関連する計算手法について，一流執筆陣による全35章で立体的に解説。〔内容〕ベイズ統計の基礎(因果関係の推論，モデル選択，モデル診断ほか)／ノンパラメトリック手法／ベイズ統計における計算／時空間モデル／頑健分析・感度解析／バイオインフォマティクス・生物統計／カテゴリカルデータ解析／生存時間解析，ソフトウェア信頼性／小地域推定／ベイズ的思考法の教育

日大 蓑谷千凰彦著

正規分布ハンドブック

12188-9 C3041　　　　A5判 704頁 本体18000円

最も重要な確率分布である正規分布について，その特性や関連する数理などあらゆる知見をまとめた研究者・実務者必携のレファレンス。〔内容〕正規分布の特性／正規分布に関連する積分／中心極限定理とエッジワース展開／確率分布の正規近似／正規分布の歴史／2変量正規分布／対数正規分布およびその他の変換／特殊な正規分布／正規母集団からの標本分布／正規母集団からの標本順序統計量／多変量正規分布／パラメータの点推定／信頼区間と許容区間／仮説検定／正規性の検定

医学統計学研究センター 丹後俊郎・中大 小西貞則編

医 学 統 計 学 の 事 典

12176-6 C3541　　　　A5判 472頁 本体12000円

「分野別調査：研究デザインと統計解析」，「統計的方法」，「統計数理」を大きな柱とし，その中から重要事項200を解説した事典。医学統計に携わるすべての人々の必携書となるべく編纂。〔内容〕実験計画法／多重比較／臨床試験／疫学研究／臨床検査・診断／調査／メタアナリシス／衛生統計と指標／データの記述・基礎統計量／2群比較・3群以上の比較／生存時間解析／回帰モデル分割表に関する解析／多変量解析／統計的推測理論／計算機を利用した統計的推測／確率過程／機械学習／他

前中大 杉山高一・前広大 藤越康祝・
前筑波大 杉浦成昭・東大 国友直人編

統 計 デ ー タ 科 学 事 典

12165-0 C3541　　　　B5判 788頁 本体27000円

統計学の全領域を33章約300項目に整理，見開き形式で解説する総合的事典。〔内容〕確率分布／推測／検定／回帰分析／多変量解析／時系列解析／実験計画法／漸近展開／モデル選択／多重比較／離散的データ解析／極値統計／欠測値／数量化／探索的データ解析／計算機統計学／経時データ解析／高次元データ解析／空間データ解析／ファイナンス統計／経済統計／経済時系列／医学統計／テストの統計／生存時間分析／DNAデータ解析／標本調査法／中学・高校の確率・統計／他

医学統計学研究センター 丹後俊郎・Taeko Becque著
医学統計学シリーズ 8
統計解析の英語表現
—学会発表，論文作成へ向けて—
12758-4 C3341　　　　　A 5 判 200頁 本体3400円

発表・投稿に必要な統計解析に関連した英語表現の事例を，専門学術雑誌に掲載された代表的な論文から選び，その表現を真似ることから説き起こす。適切な評価を得られるためには，の視点で簡潔に適宜引用しながら解説を施したものである。

丹後俊郎・山岡和枝・高木晴良著
統計ライブラリー
新版 ロジスティック回帰分析
—SASを利用した統計解析の実際—
12799-7 C3341　　　　　A 5 判 296頁 本体4800円

SASのVar9.3を用い新しい知見を加えた改訂版。マルチレベル分析に対応し，経時データ分析にも用いられている現状も盛り込み，よりモダンな話題を付加した構成。〔内容〕基礎理論／SASを利用した解析例／関連した方法／統計的推測

成蹊大 岩崎 学著
統計ライブラリー
カウントデータの統計解析
12794-2 C3341　　　　　A 5 判 224頁 本体3700円

医薬関係をはじめ多くの実際問題で日常的に観測されるカウントデータの統計解析法の基本事項の解説からExcelによる計算例までを明示。〔内容〕確率統計の基礎／二項分布／二項分布の比較／ベータ二項分布／ポアソン分布／負の二項分布

早大 豊田秀樹編著
統計ライブラリー
マルコフ連鎖モンテカルロ法
12697-6 C3341　　　　　A 5 判 280頁 本体4200円

ベイズ統計の発展で重要性が高まるMCMC法を応用例を多数示しつつ徹底解説。Rソース付〔内容〕MCMC法入門／母数推定／収束判定・モデルの妥当性／SEMによるベイズ推定／MCMC法の応用／BRugs／ベイズ推定の古典的枠組み

中大 小西貞則・前統数研 北川源四郎著
シリーズ〈予測と発見の科学〉2
情　報　量　規　準
12782-9 C3341　　　　　A 5 判 208頁 本体3600円

「いかにしてよいモデルを求めるか」データから最良の情報を抽出するための数理的判断基準を示す〔内容〕統計的モデリングの考え方／統計的モデル／情報量規準／一般化情報量規準／ブートストラップ／ベイズ型／さまざまなモデル評価基準／他

中大 小西貞則・大分大 越智義道・東大 大森裕浩著
シリーズ〈予測と発見の科学〉5
計算統計学の方法
—ブートストラップ，EMアルゴリズム，MCMC—
12785-0 C3341　　　　　A 5 判 240頁 本体3800円

ブートストラップ，EMアルゴリズム，マルコフ連鎖モンテカルロ法はいずれも計算機を利用した複雑な統計的推論において広く応用され，きわめて重要性の高い手法である。その基礎から展開までを適用例を示しながら丁寧に解説する。

G.ペトリス・S.ペトローネ・P.カンパニョーリ著
京産大 和合 肇監訳　NTTドコモ 萩原淳一郎訳
統計ライブラリー
Rによる ベイジアン動的線型モデル
12796-6 C3341　　　　　A 5 判 272頁 本体4400円

ベイズの方法と統計ソフトRを利用して，動的線型モデル(状態空間モデル)による統計的時系列分析を実践的に解説する。〔内容〕ベイズ推論の基礎／動的線型モデル／モデル特定化／パラメータが未知のモデル／逐次モンテカルロ法／他

成蹊大 岩崎 学著
統計ライブラリー
統計的データ解析のための 数値計算法入門
12667-9 C3341　　　　　A 5 判 216頁 本体3700円

統計的データ解析に多用される各種数値計算手法と乱数を用いたモンテカルロ法を詳述〔内容〕関数の展開と技法／非線形方程式の解法／最適化法／数値積分／乱数と疑似乱数／乱数の生成法／モンテカルロ積分／マルコフチェーンモンテカルロ

早大 永田 靖著
統計ライブラリー
サンプルサイズの決め方
12665-5 C3341　　　　　A 5 判 244頁 本体4500円

統計の検定の精度を高めるためには，検出力とサンプルサイズ(標本数)の有効な設計が必要である。本書はそれらの理論的背景もていねいに説明し，また読者が具体的理解を得るために多くの例題と演習問題(詳解つき)も掲載した

一橋大 沖本竜義著
統計ライブラリー
経済・ファイナンスデータの 計量時系列分析
12792-8 C3341　　　　　A 5 判 212頁 本体3600円

基礎的な考え方を丁寧に説明すると共に，時系列モデルを実際のデータに応用する際に必要な知識を紹介。〔内容〕基礎概念／ARMA過程／予測／VARモデル／単位根過程／見せかけの回帰と共和分／GARCHモデル／状態変化を伴うモデル

東北大 照井伸彦著
シリーズ〈統計科学のプラクティス〉2
Rによるベイズ統計分析
12812-3 C3341　　A5判 180頁 本体2900円

事前情報を構造化しながら積極的にモデルへ組み入れる階層ベイズモデルまでを平易に解説〔内容〕確率とベイズの定理／尤度関数，事前分布，事後分布／統計モデルとベイズ推論／確率モデルのベイズ推測／事後分布の評価／線形回帰モデル／他

東北大 照井伸彦・阪大 ウィラワン・ドニ・ダハナ・日大伴　正隆著
シリーズ〈統計科学のプラクティス〉3
マーケティングの統計分析
12813-0 C3341　　A5判 200頁 本体3200円

実際に使われる統計モデルを包括的に紹介，かつRによる分析例を掲げた教科書．〔内容〕マネジメントと意思決定モデル／市場機会と市場の分析／競争ポジショニング戦略／基本マーケティング戦略／消費者行動モデル／製品の採用と普及／他

日大 田中周二著
シリーズ〈統計科学のプラクティス〉4
Rによる アクチュアリーの統計分析
12814-7 C3341　　A5判 208頁 本体3200円

実務のなかにある課題に対し，統計学と数理を学びつつRを使って実践的に解決できるよう解説．〔内容〕生命保険数理／年金数理／損害保険数理／確率的シナリオ生成モデル／発生率の統計学／リスク細分型保険／第三分野保険／変額年金／等

慶大 古谷知之著
シリーズ〈統計科学のプラクティス〉5
Rによる 空間データの統計分析
12815-4 C3341　　A5判 184頁 本体2900円

空間データの基本的考え方・可視化手法を紹介したのち，空間統計学の手法を解説し，空間経済計量学の手法まで言及．〔内容〕空間データの構造と操作／地域間の比較／分類と可視化／空間的自己相関／空間集積性／空間点過程／空間補間／他

学習院大 福地純一郎・横国大 伊藤有希著
シリーズ〈統計科学のプラクティス〉6
Rによる 計量経済分析
12816-1 C3341　　A5判 200頁 本体2900円

各手法が適用できるために必要な仮定はすべて正確に記述，手法の多くにはRのコードを明記,する，学部学生向けの教科書．〔内容〕回帰分析／重回帰分析／不均一分析／定常時系列分析／ARCHとGARCH／非定常時系列／多変量時系列／パネル

統数研 吉本　敦・札幌医大 加茂憲一・広島大 柳原宏和著
シリーズ〈統計科学のプラクティス〉7
Rによる 環境データの統計分析
―森林分野での応用―
12817-8 C3341　　A5判 216頁 本体3500円

地球温暖化問題の森林資源をベースに，収集したデータを用いた統計分析，統計モデルの構築，応用までを詳説〔内容〕成長現象と成長モデル／一般化非線形混合効果モデル／ベイズ統計を用いた成長モデル推定／リスク評価のための統計分析／他

統数研 椿　広計・慶大 岩崎正和著
統計科学のプラクティス8
Rによる 健康科学データの統計分析
12818-5 C3340　　A5判 224頁 本体3400円

臨床試験に必要な統計手法を実践的に解説〔内容〕健康科学の研究様式／統計科学的研究／臨床試験・観察研究のデザインとデータの特徴／統計的推論の特徴／一般化線形モデル／持続時間・生存時間データ分析／経時データの解析法／他

慶大 小暮厚之・野村アセット 梶田幸作監訳
ランカスター ベイジアン計量経済学
12179-7 C3041　　A5判 400頁 本体6500円

基本的概念から，MCMCに関するベイズ計算法，計量経済学へのベイズ応用，コンピュテーションまで解説した世界的名著．〔内容〕ベイズアルゴリズム／予測とモデル評価／線形回帰モデル／ベイズ計算法／非線形回帰モデル／時系列モデル／他

慶大 古谷知之著
統計ライブラリー
ベイズ統計データ分析
―R & WinBUGS―
12698-3 C3341　　A5判 208頁 本体3800円

統計プログラミング演習を交えながら実際のデータ分析の適用を詳述した教科書〔内容〕ベイズアプローチの基本／ベイズ推論／マルコフ連鎖モンテカルロ法／離散選択モデル／マルチレベルモデル／時系列モデル／R・WinBUGSの基礎

慶大 安道知寛著
統計ライブラリー
ベイズ統計モデリング
12793-5 C3341　　A5判 200頁 本体3300円

ベイズ的アプローチによる統計的モデリングの手法と様々なモデル評価基準を紹介．〔内容〕ベイズ分析入門／ベイズ推定（漸近的方法；数値計算）／ベイズ情報量規準／数値計算に基づくベイズ情報量規準の構築／ベイズ予測情報量規準／他

上記価格（税別）は 2016年 3月現在